国家级一流本科课程教材

石油和化工行业“十四五”规划教材

化学反应热安全分析与评估

蒋军成 等 编著

化学工业出版社
·北京·

内容简介

《化学反应热安全分析与评估》是2020年立项建设的首批国家级一流本科课程的配套教材。编著者充分把握国内外化工安全领域前沿和最新成果，从基本概念与基础理论，到技术方法与应用实例，全面完整地阐述了化学反应热安全分析与评估的相关理论与方法。全书简述了化学工业发展历程与趋势，概述了化工安全生产形势与重点任务，较系统地介绍了化学反应动力学和热力学基础、化学反应热安全基础，重点阐述了化学反应热安全评估参数测量实验方法、化学反应热安全评估的模型与方法，最后，列举介绍了五个典型的危险化学反应工艺过程的热安全评估实例。

《化学反应热安全分析与评估》适合高等学校化学化工类、安全工程类、环境工程类及相关专业师生作为教材或参考书学习使用，也可供危险化学品从业人员和化工行业工程技术人员阅读参考。

图书在版编目（CIP）数据

化学反应热安全分析与评估/蒋军成等编著．—北京：化学工业出版社，2023.8
ISBN 978-7-122-43398-5

Ⅰ．①化…　Ⅱ．①蒋…　Ⅲ．①化学反应-反应热-安全技术　Ⅳ．①O621.25

中国国家版本馆CIP数据核字（2023）第075023号

责任编辑：任睿婷　杜进祥　　装帧设计：关　飞
责任校对：王　静

出版发行：化学工业出版社（北京市东城区青年湖南街13号　邮政编码100011）
印　　刷：北京云浩印刷有限责任公司
装　　订：三河市振勇印装有限公司
787mm×1092mm　1/16　印张9¾　字数234千字
2024年6月北京第1版第1次印刷

购书咨询：010-64518888　　售后服务：010-64518899
网　　址：http://www.cip.com.cn
凡购买本书，如有缺损质量问题，本社销售中心负责调换。

定　　价：49.00元

前言

化学工业是我国国民经济的支柱产业之一，其迅猛发展为国民经济增长和社会进步做出了巨大贡献。然而，近年来化学工业的高质量可持续发展正面临着严峻的安全问题的挑战。化工行业属于高危行业，由于化工生产过程所具有的复杂性和固有危险性，如化工介质易燃易爆、有毒有害，反应过程强放热和某些副反应具有危险性等，极易发生重特大火灾、爆炸和泄漏中毒事故。国内外专家学者、工程技术人员针对典型危险化学反应过程和众多事故案例做了大量的研究与剖析，取得了卓有成效的进步，发现化学反应热失控是造成事故的主要原因。然而，不同化学反应过程热失控的致因、机理与演化历程复杂，迫切需要研究人员持续深入地开展化学反应过程热失控固有风险的辨识、评估和本质安全化研究。

为了帮助危险化学品从业人员与化工行业工程技术人员和高等学校化学化工类、安全工程类、环境工程类及相关专业师生学习和掌握化学反应热失控的基本概念与原理、实验仪器与方法、评估理论与模型，使其通过学习能够对化学反应过程的热安全风险进行科学的分析和评估，蒋军成教授牵头组织常州大学与南京工业大学的相关人员编著了本书。常州大学“化学物质热危险性分析与评价”课程为2020年首批国家级一流本科课程，为本书的编写出版提供了有力支撑。全书共6章，主要内容包括：绪论、化学反应动力学和热力学基础、化学反应热安全基础、化学反应热安全评估参数测量实验方法、化学反应热安全评估的模型与方法、化学反应热安全评估实例等。编著者充分把握国内外本领域前沿和最新成果，内容上既体现了编写组人员的研究工作和成果，也融入了编写组人员的总结、提炼与分析评述。内容严谨、系统、完整，理论、技术与应用贯通。

本书具体编写人员有：常州大学欧红香教授（第1章），常州大学吴政奇博士（第2章），常州大学单雪影副教授、黄安麒博士（第3、5章），南京工业大学倪磊副教授（第 4 章，第 6 章部分），南京工业大学/常州大学蒋军成教授（第 6 章部分），全书由蒋军成教授统稿并审阅定稿。

本书在撰写过程中，查阅了一些期刊文献和学术著作，参考了本领域国内外相关专家学者的优秀研究成果，孙金华教授、陈网桦教授、潘勇教授对本教材编写提供了帮助和支持，在此谨向他们表示衷心感谢。限于编著者的水平，在撰写过程中难免出现疏漏与不足之处，敬请广大读者批评指正！

编著者

2023 年 8 月

目录

第6章 化学反应热安全评估实例 111

第1章

绪论

1.1 化学工业的发展

化学工业又称化学加工工业，指生产过程中化学方法占主要地位的过程工业。化学工业从19世纪初开始形成，由最初只生产纯碱、硫酸等少数几种无机产品和主要从植物中提取茜素制成染料等有机产品，逐步发展为一个多分支、多品种的基础工业门类，与交通运输业、农林牧渔业、食品加工业、医药工业、建筑工业、纺织工业、轻工业等都有着密切的关系，服务于国民经济的发展和人类生产与生活。

1.1.1 我国化学工业发展简史

我国的化学工业起步较晚，近代化学工业发端于清末的洋务运动。为了发展我国民族工业，1917年范旭东在天津塘沽创建永利碱厂，成为中国创建时间最早的制碱厂。1921年留美博士侯德榜受聘到永利碱厂。他潜心研究，于1941年成功发明“联合制碱法”，并无偿向全世界公开。为表彰侯德榜新制碱法的功绩，范旭东将“联合制碱法”命名为“侯氏制碱法”。“侯氏制碱法”不仅打破了西方对制碱工艺长达70年的垄断，更将中国乃至世界制碱的技术水平推向一个新高度，使制碱原料盐卤的利用率从70%提高到98%，为现代化工产业推行循环经济和清洁生产做出成功尝试，赢得了国际化工界的极高评价。侯德榜也因此被誉为“中国制碱第一人”，成为国际著名化工专家，而“侯氏制碱法”也于1953年获得中国第一号发明证书。

1949年前，我国化工产业规模仅有1.77亿元。1949年以后我国进入了化学工业发展新纪元，以支撑农业、纺织和国防建设为重点的化工产业结构升级逐步完成，化学工业稳步发展，1978年产业规模达到355.2亿元。改革开放以后，我国化工产业进入又一个快速发展的时期，2010年产业规模超过8.76万亿元，实现了向化学工业大国的跨越，从此我国成为世界第一化工大国。“十二五”以来，我国化工行业主要产品产量及消费量整体保持较快增长。

2020 年我国化学工业销售收入占全球总量比例接近 40%，超过了美国、欧盟和日本的总和。2020 年我国氨纶、纯碱、合成树脂、甲醇、聚乙烯、玻璃纤维等大宗化学品产能居全球第一，如聚乙烯产能约占全球的 21%。截至 2021 年，全国化工行业规模以上企业 26947 家，重点化工园区或以石油和化工为主导产业的工业园区有 600 多家，2021 年行业营业收入 14.45 万亿元[1-3]。

然而，我国化工产业结构性矛盾比较突出，企业单位产品能源资源要素投入过多，产出效率较低，国际竞争和防范风险的能力较弱。与国外先进同行相比，我国化工产业整体呈现出“大而不强”的特点，大多数产品处于全球价值链分工体系的中低端，附加值低的基础化工产品比重较大。在高端制造业、战略性新兴产业以及航空航天、国防军工新材料、专用化学品等行业，长期处于供给不足的状态，有的严重依赖进口。如 2020 年中国化工新材料消费量达 3800 万吨，国内产量只有 2700 万吨，化工新材料自给率仅为 71%。2021 年国内进口原油 5.13 亿吨，对外依存度 72%，进口天然气 1697.9 亿立方米，对外依存度 44.4%[4]。化学工业作为我国国民经济支柱产业之一，涉及炼油、冶金、能源、环境、医药、煤化工和轻工等众多行业，经济总量大，产业链条长，产品种类多，关联覆盖广，化工产业高质量发展关乎产业链和供应链的安全稳定与民生福祉的改善。“十三五”期间我国化工行业开始进入高质量发展调整期，逐渐向绿色、安全、低碳、高端、精细化方向转型升级。

1.1.2 传统化学工业特点

化工生产是以流程性物料，如气体、液体、粉体为原料，以化学和物理处理为手段，获得设计规定的目标产品。在化工生产过程中使用或涉及的原料、半成品和成品种类繁多，绝大部分是易燃易爆、有毒有害的危险化学品。化学工业具有以下特点[5]：

① 产品种类繁多，原料广泛，生产工艺多样，工艺参数条件往往都很苛刻，对设备要求日趋严格。化工过程往往通过采用高温、高压、深冷、负压等工艺条件提高生产效率和产品收率，缩短产品生产周期，使生产获得更大的经济效益，但同时对工艺设备的处理能力、设备材质、工艺操作等提出更为严苛的要求。如轻柴油蒸汽裂解的裂解管壁温度在 900℃以上，合成氨、甲醇、尿素的压力要求都在 100atm❶以上，高压聚乙烯压缩机出口压力为 3500atm，天然气深冷分离在−130～−120℃的条件下进行，这些严苛的生产条件，不仅给设备制造和运行安全带来极大的挑战，增加了潜在的系统危险性，同时也要求操作人员具备良好的专业素质和高度的责任心。

② 化工装置大型化、规模化，生产方式自动化、连续化，生产系统复杂化。大型化、规模化有利于大幅提高化工生产的经济效益，通过把上下游原料与产品生产有机联合、多套装置直接关联或结合，形成联合装置，不仅装置规模变大，而且更为复杂。现代化工生产的大型化提升了生产连续化和自动化控制水平，计算机智能控制也开始进入化工生产过程，同时为降低或消除储存风险，减少甚至放弃了中间储存装置，由此也使得生产过程缺乏弹性。生产过程自动控制程度的提高一方面提高了生产效率，降低了人工操作的风险，但另一方面使得生产系统复杂化，自动控制设备和系统往往也有一定的故障率，因此自动控制系统同样必须加强管理、做好维护工作。化工厂如果是在原有厂区上扩建，必然使厂区与周围厂区、

❶ 1atm=101.325kPa。

居民区、社区距离越来越近，一旦发生事故，易对周边社区、社会带来巨大影响。

③ 化学工业属于资金密集型、知识技术密集型、资源能源密集型行业，技术研发、产品研发费用高。化学工业是典型的装置型工业，生产装置的投资额占总投资比例很大，装置型工业的特点也决定了化学工业是资金密集度高的工业，如仅从设备投资来说，100 万吨/年芳烃联合装置费用大约在 40 亿～50 亿元，200 万吨/年装置费用在 100 亿元左右。据统计，2021 年福建古雷炼化一体化总投资 1267 亿元，青海矿业 60 万吨/年烯烃及 40 万吨/年聚丙烯项目总投资超过 200 亿元。除一次性投入大以外，多数化工产品生产流程较长、流动资金占用时间长，苛刻的生产工艺条件往往也使化工设备的维修费用高于其他工业。化工产品品种繁多，涉及多种原料来源和多种工艺流程，特别是化工生产自动化的发展，都要求其具有高度的知识和技术密集程度。化学工业具有综合利用原料的特性，在大量生产一种产品的同时，往往会生产出许多联产品和副产品，而这些联产品和副产品大部分又是化学工业的重要原料，可以再加工和深加工。化工行业是高能耗行业之一，据统计，2010～2020 年，全行业能源消费量均呈上升趋势，2020 年石油和化学工业能耗达到 6.85 亿吨标准煤。“十四五”期间，我国将大力推动“碳达峰”目标的实现，预计 2025 年单位 GDP 能耗将比 2020 年再降低约 17%，2019 年我国石油加工及炼焦业、化学原料及化学制品业的碳排放量分别为 1.72 亿吨、1.64 亿吨。美国化工行业碳排放在 2018 年达到高峰，为 1.91 亿吨，其后逐年下降，2020 年为 1.80 亿吨[6]。

④ 传统化学工业污染大，安全风险高，化工企业安全管理水平有待进一步提升。从 20 世纪 50 年代开始，随着石油化学工业的快速发展，化工污染也由原先的煤烟型污染转为石油型污染。化工污染物按照形态有废气、废水、废渣三类，其来源主要有化工生产的原料、半成品及产品，化工生产过程中排放的废物。化学反应不完全、化工原料不纯、物料的“跑冒滴漏”等可能成为化学污染物来源，如利用氨与硫酸中和制备硫酸铵，有约 1%的原料不能有效反应而排入环境成为污染物，氯碱工业中电解食盐溶液制备氯气、氢气和烧碱，食盐中的氯化钠中约有 10%的杂质排入下水道，成为污染源。有害化学物料如果发生严重泄漏，则不仅损失原料，更会导致严重的环境污染事故。国内化工企业安全投入普遍不足，部分从业人员专业素质不高，有的缺乏专业系统的培训，化工安全管理水平有待进一步提高。

1.1.3 我国化学工业“十四五”发展目标

在当前实现“碳达峰”和“碳中和”方面，化工产业的创新与发展，尤其是化学合成材料及其复合材料、功能化学品的大量使用，在节约资源、节省能源、减少社会总的碳排放等方面发挥了重要作用，如化学合成材料及其改性材料的应用实现汽车的轻量化，节省大量汽油柴油等化石燃料，实现二氧化碳的减排；化学发泡材料以及新型聚氨酯保温材料、密封材料的应用使冷藏、建筑等领域能耗大大降低，节省大量煤或燃气消耗，促进二氧化碳减排。因此，既要看到化工生产过程碳排放问题，也要充分认识化工产品、化工材料在节能减排方面发挥的重要作用[4]。随着自然科学和技术科学新突破的出现，化学工业也将随着催化、分子设计、仿生学、绿色化学、计算机技术、智能控制等重大技术的突破而进入一个崭新的时代。

在我国实现“碳达峰、碳中和”的“双碳”目标和《中华人民共和国国民经济和社会发展第十四个五年规划和 2035 年远景目标纲要》过程中，化学工业扮演着重要角色。“十四五”

是推动行业高质量发展的关键时期，行业结构调整、转型升级进一步加快，大力发展化工新材料和精细化学品，加快产业数字化转型，提高本质安全和清洁生产水平，推动我国向化工强国迈进[7]。

（1）攻克核心技术，提升创新发展水平

加快突破新型催化、绿色合成、功能-结构一体化高分子材料制造、“绿氢”规模化应用等关键技术；攻克基础化学品短流程制备、智能仿生材料、新型储能材料等前沿技术，发展连续流微反应、反应-分离耦合、高效提纯浓缩、超重力场等过程强化技术；重点开发推广工艺参数在线检测、物性结构在线快速识别判定等感知技术以及过程控制软件、全流程智能控制系统、故障诊断与预测性维护等控制技术。

围绕新一代信息技术、生物技术、新能源、高端装备等战略性新兴产业，开发有机硅、聚氨酯、聚酰胺等材料品种；加快发展高端聚烯烃、电子化学品、工业特种气体、高性能橡塑材料、高性能纤维、生物基材料、专用润滑油等产品；开发形状记忆高分子材料、金属-有机框架材料、金属元素高效分离介质、反应-分离一体化膜等产品；提高化肥、轮胎、涂料、染料、胶黏剂等行业绿色产品占比。

（2）推动产业结构调整、布局优化

聚焦炼化项目“降油增化”，延长化工产业链，增强高端聚合物、专用化学品等产能供给能力。严格控制炼油、磷铵、电石、黄磷等行业新增产能，禁止新建用汞的（聚）氯乙烯产能，加快低效落后产能退出，促进化工产业高端化、多元化、低碳化发展。鼓励利用先进适用技术实施安全、节能、减排、低碳等改造，推进智能制造。引导烯烃原料轻质化、优化芳烃原料结构，提高碳五、碳九等副产资源利用水平。加快煤制化学品向化工新材料延伸。

进一步引导化工项目进区入园，推进新建石油化工项目向原料及清洁能源匹配度好、环境容量富裕、节能环保低碳的化工园区集中，引导园区内企业循环生产、产业耦合发展，鼓励化工园区间错位、差异化发展，与冶金、建材、纺织、电子等行业协同布局。大力推动化工园区规范化发展，提升本质安全和清洁生产水平，鼓励化工园区建设智能化管理系统。严格执行危险化学品“禁限控”目录，新建危险化学品生产项目必须进入安全风险一般或较低的化工园区。构建原料高效利用、资源要素集中、低碳控污协同、技术先进成熟、产品系列高端的产业示范基地。

（3）推进数字化转型，强化工业互联网赋能

加快5G、大数据、人工智能等新一代信息技术与化工行业融合，增强化工过程数据获取能力，丰富企业生产管理、工艺控制、产品流向等数据，连通生产运行信息数据“孤岛”，强化全过程一体化管控，推进数字孪生创新应用，加快数字化转型。打造面向行业的特色专业型工业互联网平台，助力中小化工企业借助平台加快工艺设备、安全环保等数字化改造。围绕化肥、轮胎等关乎民生安全的大宗产品建设基于工业互联网的产业链监测、精细化服务系统。

针对行业特点建设数字化车间、智能工厂、智慧园区标杆，组建石化、化工行业智能制造产业联盟，提升化工工艺数字化模拟仿真、大型机组远程诊断运维等服务能力。基于智能制造推广多品种、小批量的化工产品柔性生产模式，更好地适应定制化、差异化需求。实施行业工业互联网企业网络安全分类分级管理，推动商用密码应用，提升安全防护水平。

（4）加快绿色低碳发展，提升本质安全水平

充分发挥化工行业碳固定、碳消纳优势，有序推动重点领域节能降碳，提高行业能效水平。滚动开展绿色工艺、绿色产品、绿色工厂、绿色供应链和绿色园区认定，形成全生命周期绿色制造体系。鼓励企业采用清洁生产技术改造升级装备，从源头促进工业废物减量化。积极发展生物化工，鼓励基于生物资源开发生态环境友好的生物基材料，实现对传统石油基产品的部分替代。加强有毒有害化学物质绿色替代品研发应用，防控新污染物的环境风险。推动化工与建材、冶金等行业耦合发展，提高磷石膏等工业副产石膏、电石渣、碱渣、粉煤灰等固废综合利用水平，鼓励加强磷钾伴生资源、工业废盐、矿山尾矿、黄磷尾气、电石炉气等的资源化利用和无害化处置。

要压实安全生产主体责任，推进实施责任关怀，支持企业、园区提高精细化运行管理水平，建立健全健康安全环境（HSE）管理体系、安全风险分级管控和隐患排查双重预防机制，持续在危险化学品企业开展“工业互联网+安全生产”建设，推动《全球化学品统一分类和标签制度》（GHS）实施，推进高危工艺安全化改造和替代。“十四五”期间，我国将通过加速石油化工行业质量变革、效率变革、动力变革，推动我国向化工强国迈进[8]。

1.2 化工安全生产形势

在化工行业200多年发展历程中，事故如影相随。随着装置规模大型化、流程复杂程度不断提高，重特大事故时有发生，事故波及范围也不再局限于工厂范围内，严重时波及周边社区，甚至带来严重的生态灾难，给社会发展和人类生活带来深远影响。以下列举近百年部分典型事故案例，以供警示与思考。

① 1921年9月21日，德国路德维希港的奥堡发生一起惨烈的化工厂爆炸事故，造成561人死亡，2000多人受伤。事故源于使用炸药来松动4500t已经固化的硝酸铵和硫酸铵，爆炸时释放出的能量巨大，剧烈的爆炸导致25km内80%的建筑物受到严重损坏，7500多人无家可归。

② 1984年12月3日，印度博帕尔市的美国联合碳化物（印度）有限公司农药厂发生剧毒化学品异氰酸甲酯泄漏事故，导致2万多人死亡，20多万人永久性致残。这是人类历史上最惨重的化学工业灾难，这次大灾难也促成“责任关怀”理念在全球化工行业的推行。

③ 1986年11月1日，瑞士巴塞尔附近的桑多斯化学公司仓库起火，导致装有1250t剧毒农药的钢罐爆炸，硫、磷、汞等毒物随着百余吨灭火剂进入下水道排入莱茵河，构成70km长的污染带。莱茵河污染事件造成约160km范围内多数鱼类死亡，约480km范围内的地下水受到污染不能饮用，使瑞士、德国、法国、荷兰四国沿岸城市的沿河自来水厂全部关闭。这次事故造成了严重的生态破坏，被列入20世纪全球“六大污染事故”。

④ 1989年10月23日，美国得克萨斯州的休斯敦化工厂发生一系列爆炸，造成23名员工死亡，近315人受伤。该工厂生产高密度聚乙烯。事故发生在日常维护期间，当工厂设备开关阀的空气连接被逆转时，大量可燃气体立即被释放出来，并在2min内与点火源接触爆炸。随后整个工厂又发生几次连续爆炸。

⑤ 1992 年 9 月 28 日，德国盖尔森基兴市贝巴的年产 44 万吨的乙烯裂解装置发生火灾，造成 1 名技术员死亡，7 人受伤，其中 4 人重伤，工厂停产 3 周。事故原因是一条从 4 号裂解装置到储罐的输送热解苯的管路故障，导致苯泄漏，消防队用泡沫灭火剂进行覆盖时，苯被引燃。

⑥ 2001 年 9 月 21 日，法国西南部工业重镇图卢兹市的 AZF 化工厂发生爆炸，事故造成 31 人死亡，2500 多人受伤。据调查，爆炸发生于 AZF 工厂 221 号仓库，当时仓库内有 300t 硝酸铵，并与 500kg 二氯异氰酸钠混合存放，因散热不良、局部过热，最终导致猛烈爆炸。

⑦ 2005 年 3 月 23 日，美国得克萨斯州 BP 炼油厂的一套异构化装置维修后重新开车，操作人员将可燃的液态烃原料抽入抽余油塔。进料过程中，因塔顶馏出物管线上的液位控制阀未开，而控制系统又没有发出报警，使操作人员对塔内液位过高毫不知情。液体原料注满分馏塔后，进入塔顶流出管线。管线中充满液体后，压力迅速从 144.8kPa 上升到 441.3kPa，迫使 3 个安全阀打开了 6min，将大量可燃液体泄放到放空罐里。液体很快充满了 34.4m 高的放空罐，并沿着罐顶的放空管喷洒到地面上。泄漏的可燃液体蒸发后形成的蒸气云，遇火源引发了大爆炸，导致 15 名工人死亡，180 人受伤，造成数十亿美元的经济损失。这起事故成为美国化工过程安全管理的一个重要转折点。

⑧ 2005 年 11 月 13 日，吉林石化公司双苯厂一车间操作人员违反操作规程，导致硝基苯精馏塔发生爆炸，并引发其他装置、设施连锁爆炸。爆炸事故造成 5 人死亡，1 人失踪，近 70 人受伤。爆炸发生后，约 100t 苯类物质，如苯、硝基苯等流入松花江，产生长达 80km 的污染带，造成江水严重污染，沿岸数百万居民的生活受到影响。

⑨ 2012 年 2 月 28 日，河北石家庄市克尔化工有限公司发生重大爆炸事故，造成 25 人死亡，4 人失踪，46 人受伤，直接经济损失 4459 万元。事故源于车间 1 号反应釜底部放料阀导热油泄漏着火处置不当，造成釜内反应产物硝酸胍和未反应完的硝酸铵局部受热，急剧分解发生爆炸，继而引发存放在周边的硝酸胍和硝酸铵爆炸。

⑩ 2012 年 9 月 27 日，韩国 Hube Global 化学品制造厂的 5 名员工用管子把装载氢氟酸的 20t 级罐车和厂内氢氟酸储罐相连时发生爆炸，爆炸引起储罐连接管破损，造成大约 8t 氢氟酸泄漏。爆炸当天，泄漏的氢氟酸就扩散至附近 2km，次生灾害影响范围更广。泄漏造成 5 人死亡，18 人受伤，1594 人接受治疗，超过 $200hm^2$ 农田受影响。受事故影响，近 80 家企业停产，造成经济损失约 177 亿韩元。

⑪ 2013 年 4 月 17 日，美国得克萨斯州化肥工厂存储库与配送设备发生爆炸，该厂私自建设的氨气储罐区存放多达 24t 的无水氨先发生火灾，旁边的硝酸铵仓库在高温下发生硝酸铵爆炸，直径 30 多米宽的火球腾空而起。爆炸造成 35 人死亡，包括 10 名最早进入火场的救援人员，超过 160 人受伤。

⑫ 2015 年 8 月 12 日，天津市滨海新区天津港的瑞海公司危险品仓库集装箱内的硝化棉由于湿润剂散失出现局部干燥，在高温天气等因素作用下加速分解放热，积热自燃，引起相邻集装箱内的硝化棉和其他危险化学品长时间大面积燃烧，导致邻近堆放的硝酸铵等危险化学品发生爆炸，造成 165 人遇难，798 人受伤，事故已核定的直接经济损失达 68.66 亿元。

⑬ 2018 年 7 月 12 日，四川省宜宾恒达科技公司在生产咪草烟除草剂的过程中，操作人员将无包装标识的氯酸钠当作原料 2-氨基-2,3-二甲基丁酰胺，补充投入釜中进行溶剂甲苯脱水操作。在搅拌状态下，丁酰胺-氯酸钠混合物在蒸汽加热条件下发生化学爆炸，冲出的高温

甲苯蒸气迅速与外部空气混合并发生二次爆炸，同时引发现场存放的氯酸钠、甲苯、甲醇等殉爆，相邻车间着火，事故造成 19 人死亡，12 人受伤，直接经济损失 4142 万元。

⑭ 2019 年 3 月 21 日，江苏省响水天嘉宜化工有限公司违规储存的硝化废料，主要成分是二硝基二酚、三硝基一酚、间二硝基苯、水和少量盐分等，持续积热升温导致自燃，燃烧引发硝化废料爆炸，造成 78 人死亡，76 人重伤，640 人接受治疗，直接经济损失 19.86 亿元。

⑮ 2020 年 2 月 11 日，辽宁葫芦岛经济开发区辽宁先达农业科学有限公司烯草酮车间操作人员未对物料进行复核确认，误将丙酰三酮加入氯代胺储罐内，导致丙酰三酮和氯代胺在储罐内发生反应，放热并积累热量，物料温度逐渐升高，最终导致物料分解、爆炸。事故造成 5 人死亡，10 人受伤，直接经济损失约 1200 万元。

近年来，国内外化工安全状况有所好转，但形势依然严峻。据统计，我国 2020 年化工事故起数和死亡人数较 2016 年分别下降 36%和 24%，较大以上事故起数下降 17%[7,9]。根据国家应急管理部对全国化工事故的统计结果，重大化工事故主要类型包括火灾、爆炸、泄漏中毒和窒息等，其中 40%以上的死亡人数源自爆炸、火灾事故，爆炸事故中 90%以上为化学爆炸[9-12]。“十四五”期间，我国既具有安全生产形势持续稳定好转的有利条件，也面临新旧风险叠加的严峻挑战。一方面，化工行业布局园区化、装置大型化、生产智能化成为新趋势，新发展理念将引领我国加快化工产业结构升级，为化工安全生产提供保障。另一方面，化工行业高风险性质没有改变，长期快速发展积累的深层次问题尚未根本解决，生产、储存、运输、废弃处置等环节传统风险处于高位，产业转移、老旧装置和新能源、海洋石油等新兴领域风险凸显，风险隐患叠加并进入集中暴露期，防范化解重大安全风险任务艰巨复杂[7,13]。

在化工生产中，由于反应热失控导致的燃烧爆炸、毒物泄漏等事故存在于化学过程的各个单元，从前述化工事故案例中可见，热失控不仅发生于化学反应过程，在原料准备、物料输送、分离提纯、产品储存等操作单元中都可能发生。化学反应遵循质量守恒和能量守恒。对于放热反应，移热速率大于反应自身放热速率，会使反应的温度、压力等处于可控范围内。如果由于外界因素或自身反应变化，导致冷却能力低于反应热生成能力，反应体系将形成热累积，从而导致体系温度上升，反应速率加快，同时会促进热释放速率的进一步增加，进而使反应处于不可控状态，最终导致反应的热失控。因此，化工过程的热失控指放热化学反应系统因热平衡被打破而使温度升高，以致反应物、产物分解，生成大量气体或蒸气，系统压力急剧升高，超过反应器或工艺容器的压力极限后，反应器或工艺容器被破坏，进而发生火灾、爆炸及次生灾害的现象。导致热失控的原因不仅仅在于对物料、工艺的热化学性质不了解，还在于相应的控制装置的缺失、失效或不正确安装，同时也可能与维护保养、人员误操作等因素有关[14,15]。

化学品的热安全是必须关注的重要因素。化学品自身固有的危险特性往往是引发反应热失控的一个重要原因，因此，认识化学品的危险特性及其分类对控制反应热失控具有重要意义。

1.3 危险化学品安全与分类

化工生产过程离不开化学品，认识化学品的安全、反应过程的安全都必须了解化学品的相关性质，以便进行有效的安全管控。危险化学品安全是化工安全生产工作的重中之重。我国危险化学品领域从2015年以来一共发生了10起重特大事故，特别是2017～2019年发生了7起重特大事故[9-12]，“十三五”期间年均发生1.4起重特大事故。为加强危险化学品的安全管理，预防和减少危险化学品事故，保障人民群众生命财产安全，保护生态环境，2002年1月26日国务院发布《危险化学品安全管理条例》，该条例在2011年、2013年先后两次修订。2015年天津港“8・12”特大爆炸事故后，危险化学品安全管理面临的挑战进一步凸显，国家安监总局于2017年起草了《危险化学品安全法（征求意见稿）》。2019年江苏响水天嘉宜公司“3・21”特大爆炸事故等重特大化工安全事故的发生，加快了制定危险化学品安全法的进程，2020年10月2日，国家应急管理部发布了《中华人民共和国危险化学品安全法（征求意见稿）》。可以预期，我国危险化学品安全法治化治理将更加完善健全。

根据我国《危险化学品安全管理条例》第三条，危险化学品是指具有毒害、腐蚀、爆炸、燃烧、助燃等性质，对人体、设施、环境具有危害的剧毒化学品和其他化学品。危险化学品的危害主要包括物理危害、健康危害和环境危害三个方面。物理危害主要包括爆炸性、腐蚀性、易燃性等。健康危害包括急性毒性和慢性毒性，其中慢性毒性又包括致癌性、生殖毒性等。环境危害主要体现在危险化学品排放到环境中，对水体、大气等带来的不利影响。

1.3.1 危险化学品分类

国内外对危险化学品的分类管理都非常重视。2002年12月由联合国危险货物运输以及全球化学品统一分类和标签制度专家委员会通过的《全球化学品统一分类和标签制度》（Globally Harmonized System of Classification and Labelling of Chemicals，简称“GHS”）是目前在全球范围通行的化学品分类制度，作为指导各国控制化学品危害和保护人类与环境的规范性文件。GHS的制定旨在健全危险化学品的安全管理制度，保护人类健康和生态环境，同时为尚未建立化学品分类制度的发展中国家提供安全管理化学品的框架。通过建立《全球化学品统一分类和标签制度》，统一各国化学品分类和标签制度，消除各国在分类标准、方法学和术语学上存在的差异，还可减少货物贸易成本，也减少了为遵守各国法规中不同危险性分类和标签要求等所带来的时间耗费。GHS每两年更新一次，2020年12月11日，委员会第十届会议通过了对第八版修订版的一套修正案，2021年9月14日正式发布了GHS第九版修订版[16]。

我国危险化学品分类的主要依据是《化学品分类和标签规范》系列国家标准（GB 30000.2—2013～GB 30000.29—2013），此系列标准吸纳了GHS的编制内容，技术内容与GHS一致，强调生产、储存、流通、运输等多环节的危害性。

要注意危险化学品与危险货物的区别和联系。我国交通运输部《港口危险货物安全管理规定》中规定：危险货物是指列入国际海事组织制定的《国际海运危险货物规则》和国家标准《危险货物品名表》（GB 12268—2012），具有爆炸、易燃、毒害、感染、腐蚀、放射性等特性，容易造成人身伤亡、财产毁损或者对环境造成危害而需要特别防护的货物。根据《道路危险货物运输管理规定》，危险货物是指具有爆炸、易燃、毒害、感染、腐蚀等危险特性，在生产、经营、运输、储存、使用和处置中，容易造成人身伤亡、财产损毁或者环境污染而需要特别防护的物质和物品。从定义看，危险货物既适用于化学品，也适用于物品，并对所用包装有特别要求。我国危险货物的确认主要依据《危险货物品名表》（GB 12268—2012）

和《危险货物分类和品名编号》（GB 6944—2012）。根据《危险货物分类和品名编号》（GB 6944—2012），把危险化学品分为以下 9 类：①爆炸品，如硝铵炸药、三硝基甲苯（TNT）等；②气体，如乙炔、丙烷、氢气、液化石油气、天然气、甲烷、氧气、氮气、氯气、水煤气等；③易燃液体，如涂料、香蕉水、汽油、煤油、乙醇、甲醇、丙酮、甲苯、二甲苯、溶剂油、苯、乙酸乙酯、乙酸丁酯等；④易燃固体、易于自燃的物质、遇水放出易燃气体的物质，如硝化棉、硫黄、铝粉、金属钠、镁粉、镁铝粉、镁合金粉等；⑤氧化性物质和有机过氧化物，如双氧水、高锰酸钾、漂白粉等；⑥毒性物质和感染性物质，如氰化钠、氰化钾、砒霜、硫酸铜、部分农药等；⑦放射性物质，如钚、铀等；⑧腐蚀性物质，如盐酸、硫酸、硝酸、磷酸、氢氟酸、氨水、次氯酸钠溶液、甲醛溶液、氢氧化钠、氢氧化钾等；⑨杂项危险物质和物品，包括危害环境物质。

GHS[16]按照物理、健康、环境危害将危险化学品分为 29 大项，其中物理危害 17 项，健康危害 10 项，环境危害 2 项。危害分类有三步：①确定与物质或混合物的危害有关的数据；②审查上述数据，弄清与该物质或混合物有关的危害；③将数据与危害分类标准进行比较，决定是否将该物质或混合物分类为危害性物质或混合物，并根据情况决定危害的程度。

1.3.1.1 物理危害[16]

根据化学品的物理危害性分为爆炸物、易燃气体、气雾剂和加压化学品、氧化性气体、加压气体、易燃液体、易燃固体、自反应物质和混合物、发火液体、发火固体、自热物质和混合物、遇水放出易燃气体的物质和混合物、氧化性液体、氧化性固体、有机过氧化物、金属腐蚀物、退敏爆炸物 17 类。

（1）爆炸物

爆炸物这一类化学品主要包括爆炸性物质、爆炸性混合物、爆炸性物品。爆炸性物质或混合物，是一种固态或液态物质或混合物，本身能够通过化学反应产生气体，而产生气体的温度、压强和速度之大，能对周围环境造成破坏。烟火物质或混合物是通过非爆炸、自持放热化学反应，产生的热、光、声、气体、烟等效应或这些效应之组合的物质或混合物。注意，即使烟火物质或烟火混合物不放出气体，也属于爆炸性物质或混合物。爆炸性物品是指含有一种或多种爆炸性物质或混合物的物品，但爆炸性物品不包括以下装置：其中所含爆炸性物质或混合物由于其数量或特性，在意外或偶然点燃或引爆后，不会由于迸射、发火、冒烟、放热或巨响而在装置之外产生任何效应。以下物质和混合物被排除在爆炸物类别之外：列入氧化性液体或氧化性固体类别的硝酸铵乳胶、悬浮体或凝胶（ANEs），列入退敏爆炸物类别的物质和混合物。根据 GHS 对爆炸物的分类标准，分为不稳定爆炸物以及 1.1 到 1.6 项共七类。其中不稳定爆炸物是指具有热不稳定性和/或太过敏感，因而不能进行正常装卸、运输和使用的爆炸物。此类爆炸物在运输、使用、储运过程中要特别谨慎。

（2）易燃气体

易燃气体是指在 20℃和 101.3kPa 标准压强下，与空气有易燃范围的气体。易燃气体分为类别 1A、类别 1B 和类别 2。类别 1A 中包括易燃气体、发火气体和化学性质不稳定的气体三种。发火气体是在等于或低于 54℃时在空气中可能自燃的易燃气体，常见的有硅烷、乙硼烷、磷化氢等。要注意发火气体自燃不一定立即发生，有可能延时发生。化学性质不稳定的气体是指即使在没有空气或氧气的条件下也能起爆炸效应的易燃气体。如乙炔可与氧化剂接触猛烈反应，与氟、氯等接触会发生剧烈的化学反应，能与铜、银、汞等的化合物生成爆炸性物质。气溶胶不作为易燃气体进行分类。

（3）气雾剂和加压化学品

气雾剂和加压化学品危害相似，且其分类依据是易燃特性和燃烧热，但储存气雾剂、加压化学品的两种贮器的容许压强、容量和构造不同。

气雾剂是指装在喷雾器内的压缩、液化或加压溶解气体，包含或不包含液体、膏剂或粉末。喷雾器配有释放装置，可使内装物喷射出来，形成在气体中悬浮的固态或液态颗粒或形成泡沫、膏剂或粉末，或处于液态或气态。用于盛装气雾剂的喷雾器是不可再充装的贮器，可用金属、玻璃或塑料制成。气雾剂根据易燃特性、燃烧热等可分为类别 1、类别 2 和类别 3 共三个类别。

加压化学品是指装在除气雾剂喷雾器之外的其他压力贮器内，20℃条件下用某种气体加压到≥200kPa 的液体或气体。加压化学品通常含有 50%或更多液体或气体，而气体含量超过 50%的液体或固体通常视为高压气体。加压化学品根据其易燃成分含量和燃烧热可分为三个类别，其中的易燃成分可以是易燃气体、易燃液体或易燃固体，加压化学品的易燃成分不包括发火物质、自热物质或遇水反应物质。

（4）氧化性气体

氧化性气体指一般通过提供氧气，比空气更易引起或促进其他物质燃烧的任何气体。通常采用国际标准化组织 ISO10156：2017 规定的方法，确定氧化能力大于 23.5%的纯净气体或气体混合物，只有一个类别。

（5）加压气体

加压气体是指在 20℃条件下，以 200kPa 或更大压强装入贮器的气体、液化气体或冷冻液化气体。根据包装时的物理状态，分为压缩气体、液化气体、冷冻液化气体和溶解气体 4 个类别，如表 1-1 所示。

表 1-1　加压气体分类标准

类别	标准
压缩气体	在−50℃加压封装时完全是气态的气体；包括所有临界温度≤−50℃的气体
液化气体	在高于−50℃的温度下加压封装时部分是液体的气体，又分为以下 2 种。 高压液化气体：临界温度在−50℃和+65℃之间的气体； 低压液化气体：临界温度高于+65℃的气体
冷冻液化气体	封装时由于其温度而部分是液体的气体
溶解气体	加压封装时溶解于液相溶剂中的气体

（6）易燃液体、易燃固体

易燃液体是指闪点≤93℃的液体。根据闪点范围可分为四个类别。

类别 1：闪点＜23℃，初始沸点≤35℃；

类别 2：闪点＜23℃，初始沸点＞35℃；

类别 3：闪点≥23℃但≤60℃；

类别 4：闪点>60℃但≤93℃。

在有些规章中，闪点范围在 55～75℃之间的瓦斯油、柴油和取暖用清油可视为特殊组别。气雾剂不可作为易燃液体分类。

易燃固体是指易于燃烧或通过摩擦可能引起燃烧或助燃的固体，为粉末状、颗粒状或糊状物质，与点火源短暂接触即可燃烧，如燃烧的火柴。如火势迅速蔓延可造成危险。可分为两类，分类标准如表 1-2 所示。

表 1-2　易燃固体分类标准

类别	标准
1	燃烧速率试验： 除金属粉末之外的物质或混合物：潮湿部分不能阻燃，而且燃烧时间<45s，或燃烧速率>2.2mm/s； 金属粉末：燃烧时间≤5min
2	燃烧速率试验： 除金属粉末之外的物质或混合物：潮湿部分可以阻燃至少 4min，而且燃烧时间<45s，或燃烧速率>2.2mm/s； 金属粉末：燃烧时间>5min 而且≤10min

（7）自反应物质和混合物

自反应物质和混合物是热不稳定液态或固态物质或者混合物，即使在没有氧参与的条件下也能进行强烈的放热分解。这里不包括化学品分类中按照爆炸物、有机过氧化物或氧化性物质分类的物质和混合物。自反应物质或者混合物如果在实验室试验中容易起爆、迅速爆燃，或在封闭条件下加热时显示剧烈效应，应视为具有爆炸性。自反应物质和混合物分为 A 型到 G 型共七个类别。所有自反应物质或混合物均应考虑划入本类，除非：

① 根据分类标准为爆炸物；

② 根据分类标准为氧化性液体或固体，但如果氧化性物质的混合物含有 5%或更多的可燃有机物质，必须按照要求划分为自反应物质；

③ 根据分类标准为有机过氧化物；

④ 其分解热小于 300J/g；

⑤ 其 50kg 包装件的自加速分解温度（SADT）大于 75℃。

（8）发火液体、发火固体

发火液体或固体，是指即使数量少也能在与空气接触 5min 之内引燃的液体或固体。发火液体、发火固体为单一类别，分类标准如表 1-3 所示。

表 1-3　发火液体、发火固体分类标准

物质	类别	标准
发火液体	1	在加到惰性载体上并暴露于空气中 5min 内便燃烧，或与空气接触 5min 内便燃烧或使滤纸炭化的液体
发火固体	1	与空气接触 5min 内便燃烧的固体

（9）自热物质和混合物

自热物质和混合物是发火液体或固体以外通过与空气发生反应，无须外来能源即可自行发热的固态或液态物质或混合物。这类物质和混合物不同于发火液体或固体，只能在数量较多，如以千克计，并经过较长时间时，如几小时或几天后，才会燃烧。自热物质和混合物有类别 1 和类别 2 两类。

（10）遇水放出易燃气体的物质和混合物

遇水放出易燃气体的物质和混合物是指与水相互作用后，可能自燃或释放易燃气体且数量危险的固态或液态物质或混合物。共有三个类别，具体分类标准见表 1-4。

表 1-4　遇水放出易燃气体的物质和混合物分类标准

类别	标准
1	任何物质或混合物，在环境温度下遇水起剧烈反应，并且所产生的气体通常显示自燃倾向，或在环境温度下遇水容易起反应，释放易燃气体的速度等于或大于 1kg 物质在任何 1min 内释放 10L
2	任何物质或混合物，在环境温度下遇水容易起反应，释放易燃气体最大的速度等于或大于 1kg 物质 20L/h，并且不符合类别 1 的标准
3	任何物质或混合物，在环境温度下遇水容易起反应，释放易燃气体最大的速度大于 1kg 物质 1L/h，并且不符合类别 1 和类别 2 的标准

（11）氧化性液体

氧化性液体是指本身未必可燃，但通常会产生氧气，引起或有助于其他物质燃烧的液体，如高氯酸溶液、高锰酸钾溶液、重铬酸钾溶液等。氧化性液体有三个类别，具体分类标准见表 1-5。

表 1-5　氧化性液体分类标准

类别	标准
1	任何物质或混合物，以物质（或混合物）与纤维素按质量 1∶1 的比例混合后进行试验，可自发着火；或物质与纤维素按质量 1∶1 的比例混合后，平均压强上升时间小于 50%的高氯酸与纤维素按质量 1∶1 的比例混合后的平均压强上升时间
2	任何物质或混合物，以物质（或混合物）与纤维素按质量 1∶1 的比例混合后进行试验，显示的平均压强上升时间小于或等于 40%的氯酸钠水溶液与纤维素按质量 1∶1 的比例混合后的平均压强上升时间，并且不符合类别 1 的标准
3	任何物质或混合物，以物质（或混合物）与纤维素按质量 1∶1 的比例混合后进行试验，显示的平均压强上升时间小于或等于 65%的硝酸水溶液与纤维素按质量 1∶1 的比例混合后的平均压强上升时间，并且不符合类别 1 和类别 2 的标准

（12）氧化性固体

氧化性固体是指本身未必可燃，但通常会释放氧气，引起或促使其他物质燃烧的固体，如过氧化钾、氯酸铜、硝酸钙等。

（13）有机过氧化物

有机过氧化物是指含有二价—O—O—结构的液态或固态有机物质，可以看作是一个或两个氢原子被有机基替代的过氧化氢衍生物，包括有机过氧化物配制品（混合物）。有机过氧化物是热不稳定物质或混合物，容易放热自加速分解。此外，还可能具有以下一种或几种性质：①易于爆炸分解；②迅速燃烧；③对撞击或摩擦敏感；④对其他物质发生危害性反应。如果某有机过氧化物配制品在实验室试验中容易爆炸、迅速爆燃，或在封闭条件下加热时显示剧烈效应，则该有机过氧化物视为具有爆炸性。

有机过氧化物分为“A 型到 G 型”共七个类别，所有有机过氧化物都应考虑划入七种类别之一，除非：①有机过氧化物的有效氧含量不超过 1.0%，而过氧化氢含量不超过 1.0%；②有机过氧化物的有效氧含量不超过 0.5%，而过氧化氢含量超过 1.0%但不超过 7.0%。

（14）金属腐蚀物

金属腐蚀物是通过化学反应严重损坏甚至彻底毁坏金属的物质或混合物。金属腐蚀物为单一类别，分类标准为：在 55℃试验温度下对钢和铝进行试验，对其中任何一种材料表面的腐蚀率超过 6.25mm。这里要注意，如果对钢或铝的初步试验表明，进行试验的物质或混合物具有腐蚀性，则无须对另一种金属继续做试验。

（15）退敏爆炸物

退敏爆炸物是 GHS 制度第六版修订时新增的一项物理危害，是指固态或液态爆炸性物质或混合物，经过退敏处理以抑制其爆炸性，使之不会整体爆炸，也不会迅速燃烧，因此可不划入爆炸物危害类别。退敏爆炸物包括固态退敏爆炸物、液态退敏爆炸物，其中固态退敏爆炸物是经水或乙醇湿润或用其他物质稀释，形成匀质固态混合物，使爆炸性得到抑制的爆炸性物质，如含水至少 10%（质量分数）的苦味酸铵；液态退敏爆炸物是指溶解或悬浮于水或其他液态物质中，形成均质液态混合物，使爆炸性得到抑制的爆炸性物质，常见的如硝化甘油乙醇溶液（含硝化甘油≤1%）、硝化纤维素溶液等。退敏爆炸物分为类别 1～类别 4 共四个类别，主要根据校正燃烧速率进行分类。

1.3.1.2 健康危害[16]

根据化学品的健康危害性，GHS 分为急性毒性、皮肤腐蚀/刺激、严重眼损伤/眼刺激、呼吸道或皮肤致敏、生殖细胞致突变性、致癌性、生殖毒性、特异性靶器官毒性-一次接触、特异性靶器官毒性-反复接触、吸入危害 10 类。

（1）急性毒性

急性毒性是指一次或短时间口服、皮肤接触或吸入接触一种物质或混合物后，出现严重损坏健康的效应，即致死效应。急性毒性评价标准可以用半数致死量 LD_{50} 值（口服、皮肤）或半致死浓度 LC_{50} 值（吸入）表示，也可以用急性毒性估计值（ATE），根据口服、皮肤或吸入等不同摄入途径的急性毒性，划分为五种危害类别。

（2）皮肤腐蚀/刺激

皮肤腐蚀是指对皮肤造成不可逆损伤，即在接触一种物质或混合物后发生的可观察到的表皮和真皮坏死。一种物质在与皮肤接触最多 4h 后，至少对已知试验动物造成皮肤损坏，即出现可见的表皮和真皮坏死现象，则该物质就对皮肤具有腐蚀性。皮肤刺激是指在接触一种物质或混合物后发生的对皮肤造成可逆损伤的情况。一种物质在施用最多 4h 后对皮肤造成可逆损伤，则该物质为皮肤刺激性物质。

（3）严重眼损伤/眼刺激

严重眼损伤是指眼接触一种物质或混合物后发生的对眼造成非完全可逆的组织损伤或

严重生理视觉衰退的情况。对于可能造成严重眼损伤的物质采用了单一的危害类别（类别 1）。眼刺激是指眼接触一种物质或混合物后发生的对眼造成完全可逆变化的情况。可分为类别 2A 和 2B 两种。引起眼刺激但通常在 21 天观察期内可逆的物质，划分为类别 2A；引起眼刺激在 7 天观察期内可逆的物质，划分为类别 2B。

（4）呼吸道或皮肤致敏

呼吸道或皮肤致敏危害又分为呼吸道致敏和皮肤致敏。呼吸道致敏是指吸入一种物质或混合物后发生的呼吸道过敏；皮肤致敏是指皮肤接触一种物质或混合物后发生的过敏反应。

（5）生殖细胞致突变性

突变是细胞中遗传物质的数量或结构发生永久性改变。生殖细胞致突变性是指接触一种物质或混合物后发生的基因突变，包括生殖细胞的遗传结构畸变和染色体数量异常。这一危害类别主要是有可能导致人类生殖细胞发生突变的化学品，这种突变可传给后代，有类别 1 和类别 2 两大危害类别。

（6）致癌性

致癌性是指接触一种物质或混合物后导致癌症或增加癌症发病率的情况。在正确实施的动物试验性研究中诱发良性和恶性肿瘤的物质和混合物，也被认为是假定或可疑的人类致癌物，除非有确凿证据显示肿瘤形成机制与人类无关。

（7）生殖毒性

生殖毒性是指接触一种物质或混合物后产生的对成年男性和女性性功能和生育能力的有害影响，以及对后代的发育毒性。生殖毒性主要考虑对性功能和生育能力的有害影响、对后代发育的有害影响。物质生殖毒性包括类别 1 和类别 2 两种，对哺乳期的影响划为单独的危害类别。

（8）特异性靶器官毒性-一次接触/反复接触

特异性靶器官毒性-一次接触，是指一次接触一种物质或混合物后对靶器官产生的特定、非致死毒性效应。特异性靶器官毒性-反复接触，是指反复接触一种物质或混合物后对靶器官产生的特定毒性效应。这些毒性效应包括所有能够损害机能的显著健康影响，包括可逆和不可逆的、即时和/或延迟的，以及在其他健康危害分类中未具体述及的显著健康影响。

（9）吸入危害

吸入是指液体或固体化学品通过口腔或鼻腔直接进入，或因呕吐间接进入气管和下呼吸道系统。吸入危害是指吸入一种物质或混合物后发生的严重急性效应，如化学性肺炎、肺损伤，乃至死亡。一些烃类，如石油蒸馏物和某些烃类氯化物已被证明对人类有吸入危害。

1.3.1.3 环境危害[16]

根据化学品对水环境和大气环境的危害性，环境危害主要有危害水生环境和危害臭氧层两大类。

（1）危害水生环境

第九版GHS中化学品对水生环境的危害采用短期（急性）水生危害、长期（慢性）水生危害以及安全网进行区分，其中安全网分类相当于慢性中的类别4。虽然GHS分类制度中水生毒性由三个短期（急性）和四个长期（慢性）分类类别组成，但GHS分类制度的核心部分则只有三个短期（急性）和三个长期（慢性）分类类别。

急性水生毒性是指物质本身的性质可对在水中短时间接触该物质的生物体造成伤害。急性水生毒性一般使用鱼类96h的LC_{50}、甲壳纲物种48h的半数有效浓度EC_{50}，和/或藻类物种72h或96h时的EC_{50}确定。慢性水生毒性是指物质本身的性质可对在水中接触该物质的生物体造成有害影响，其程度根据相对于生物体的生命周期确定。慢性水生毒性数据通常不像急性数据那么容易得到，各种试验程序也没有那么标准化。

（2）危害臭氧层

臭氧层被破坏将使地面受到紫外线辐射的强度增加，给地球上的生命和环境带来很大的危害。20世纪80年代，科学家们研究发现造成臭氧层耗损的罪魁祸首就是氟氯烃，它不仅会破坏臭氧层，而且会加剧温室效应。为了避免工业产品中的氟氯碳化物对地球臭氧层继续造成损害，联合国于1987年9月16日邀请所属26个会员国在加拿大蒙特利尔签署《蒙特利尔破坏臭氧层物质管制议定书》，即《蒙特利尔议定书》，于1989年1月1日生效。《蒙特利尔议定书》对CFC-11、CFC-12、CFC-113、CFC-114、CFC-115五项氟氯碳化物及三项哈龙的生产做了严格的管制规定，并规定凡是对臭氧层有不良影响的活动，各国均应采取适当的防治措施。基于预防审慎原则，国际社会应采取行动淘汰这些物质，加强研究和开发替代品。

危害臭氧层的物质和混合物的分类只有一个类别。《蒙特利尔议定书》附件中列出的任何受管制物质，或至少含有一种列入《蒙特利尔议定书》附件的成分、浓度≥0.1%的任何混合物，都可划入危害臭氧层的类别。

1.3.2 重点监管的危险化学品

2011年国家安监总局公布了《首批重点监管的危险化学品名录》。名录的确定综合考虑了化学品的固有危险性、国内化学品事故情况、重特大事故的危险化学品品种、国内危险化学品生产量情况、国内外重点监管的危险化学品品种五个要素，研究参考了国外相关安全管理名录，包括美国职业安全健康署《高度危险化学品的工艺安全管理》中的高危化学品名录，《应急计划与公众知情权法》（EPCRA）中的关于危险源设施报告和应急反应制度的极度危险物质名录及有毒化学品释放报告管理清单（TRI），美国环境保护署《清洁空气法》（CAA）风险管理计划（RMP）中的特定易燃和有毒化学品名录，美国国土安全部《化学品设施反恐标准》中的关注化学品名录，加拿大优先物质清单（PSL）。

首批重点监管的危险化学品包括列入名录的60种危险化学品（详见附录一）及在温度20℃和标准大气压101.3kPa条件下属于以下类别的危险化学品：

① 易燃气体类别1（爆炸下限≤13%或爆炸极限范围≥12%的气体）；

② 易燃液体类别1（闭杯闪点＜23℃且初沸点≤35℃的液体）；

③ 自燃液体类别 1（与空气接触不到 5min 便燃烧的液体）；

④ 自燃固体类别 1（与空气接触不到 5min 便燃烧的固体）；

⑤ 遇水放出易燃气体的物质类别 1（在环境温度下与水剧烈反应产生的气体通常显示自燃的倾向，或释放易燃气体的速度等于或大于 1kg 物质在任何 1min 内释放 10L 的任何物质或混合物）；

⑥ 三光气等光气类化学品。

2013 年国家安监总局公布了《第二批重点监管的危险化学品名录》（详见附录二）。2020 年 5 月 30 日，国家应急管理部、工业和信息化部、公安部、交通运输部联合制定的《特别管控危险化学品目录（第一版）》（详见附录三）公布实施，其中包括爆炸性化学品 4 种、有毒化学品（包括有毒气体、挥发性有毒液体和固体剧毒化学品）6 种、易燃气体 5 种和易燃液体 5 种共 20 种固有危险性高、发生事故的安全风险大、事故后果严重、流通量大、需要特别管控的危险化学品。

2022 年 3 月 10 日应急管理部"关于印发《"十四五"危险化学品安全生产规划方案》的通知"要求："十四五"期间，要从 74 种危险化学品名录和 20 种特别管控危险化学品目录中选择重点化学品，即高危化学品，开展专项排查整治工作。

1.3.3 危险化学品重大危险源

在防控危险化学品重大安全风险过程中，对于重大危险源的管控至关重要。重大危险源能量集中，一旦发生事故破坏力强，易造成重大人员伤亡和财产损失，社会影响大。据统计，2011 年以来全国化工企业共发生 12 起重特大事故，全部发生在重大危险源企业；全国危险化学品重大危险源点多面广，安全风险管控任务重[8]。

重大危险源辨识是重大工业事故预防的有效手段。自 1982 年欧共体颁布《工业活动中重大事故危险法令》以来，美国、加拿大、印度等地都发布了相应的标准，1996 年澳大利亚颁布了国家标准 NOHSC：1014（1996）《重大危险源控制》。这些法规或标准中辨识重大危险源的依据都是物质的危险性及临界量。1997 年，我国劳动部组织实施的重大危险源普查试点工作中，对重大危险源辨识进行了试点实施，在此基础上，国家经贸委安全科学技术研究中心提出了《重大危险源辨识》（GB 18218—2000）。2009 年，国家安监总局将标准名称改为《危险化学品重大危险源辨识》（GB 18218—2009）。2011 年，国家安监总局局长办公会议审议通过《危险化学品重大危险源监督管理暂行规定》，2015 年 3 月 23 日审议通过修订版。2018 年 11 月 19 日修订版《危险化学品重大危险源辨识》（GB 18218—2018）发布，2019 年 3 月 1 日实施。《危险化学品重大危险源辨识》中规定了辨识危险化学品重大危险源的依据和方法，该标准适用于生产、储存、使用和经营危险化学品的生产经营单位，但不适用于：①核设施和加工放射性物质的工厂，但这些设施和工厂中处理非放射性物质的部门除外；②军事设施；③采矿业，但涉及危险化学品的加工工艺及储存活动除外；④危险化学品的厂外运输（包括铁路、道路、水路、航空、管道等运输方式）；⑤海上石油天然气开采活动。

根据 GB 18218—2018，危险化学品重大危险源（major hazard installations for hazardous chemicals）是指"长期或临时地生产、储存、使用和经营危险化学品，且危险化学品的数量等于或超过临界量的单元"。其中，生产单元是指：危险化学品的生产、加工及使用等的装置及设施，当装置及设施之间有切断阀时，以切断阀作为分隔界限划分独立的单元。储存单元是指：用于储存危险化学品的储罐或仓库组成的相对独立的区域，储罐区以储罐区防火堤为界限划分为独立的单元，仓库以独立库房（独立建筑物）为界限划分为独立的单元。附录四给出了列入该标准的危险化学品名称及其临界量，附录五给出了未列入附录四的危险化学品类别及其临界量。

近年来国家也采取多种措施不断强化重大危险源的安全管理。2019 年以来，应急管理部针对重大危险源建设了风险监测预警系统，全面接入危险化学品生产储存企业重大危险源监测监控数据，加强信息化管控。同时建立了危险化学品安全监管和消防救援机构联合监管工作机制，以“消地协作”模式每年对重大危险源企业开展全覆盖检查督导。2020 年，中共中央办公厅、国务院办公厅印发《关于全面加强危险化学品安全生产工作的意见》，部署开展危险化学品安全专项整治三年行动，要求突出重大危险源企业的安全风险管控。应急管理部在广泛征求意见、研讨论证的基础上，于 2021 年 2 月 4 日发布《危险化学品企业重大危险源安全包保责任制办法（试行）》，推动企业端强化落实重大危险源安全管理责任，与政府端预警系统和联合检查机制形成合力，加快构建重大危险源常态化隐患排查和安全风险防控制度体系，防控危险化学品重大安全风险，遏制重特大事故。对于取得应急管理部门安全许可的危险化学品企业的每一处重大危险源，企业都要明确重大危险源的主要负责人、技术负责人、操作负责人，从总体管理、技术管理、操作管理三个层面实行安全包保，保障重大危险源安全平稳运行。

1.4 重点监管的危险化工工艺

根据国家应急管理部关于印发《“十四五”危险化学品安全生产规划方案》的通知，“十四五”期间将从 18 种危险化工工艺目录中选择重点工艺，即高危工艺，实施专项整治行动。强化高危工艺安全风险管控，深化精细化工企业安全风险评估，建立涉及硝化、氯化、氟化、重氮化、过氧化工艺的精细化工生产工艺全流程安全风险评估机制，不断提升人防、物防、技防要求。所谓危险化工工艺就是指能够导致火灾、爆炸、中毒的工艺，所涉及的化学反应包括硝化、氧化、磺化、氯化、氟化、氨化、重氮化、过氧化、加氢、聚合、裂解等反应。

原国家安监总局于 2009 年、2013 年先后发布两批重点监管的危险化工工艺目录，包括 18 种危险化工工艺，如表 1-6 所示，其中 14 种工艺都涉及放热反应。

表 1-6　重点监管的危险化工工艺一览表

序号	工艺名称	反应类型	重点监控单元	典型工艺
1	光气及光气化工艺	放热反应	光气化反应釜、光气储运单元	一氧化碳与氯气反应得到光气，甲苯二异氰酸酯的制备，4,4′-二苯基甲烷二异氰酸酯（MDI）的制备
2	电解工艺（氯碱）	吸热反应	电解槽、氯气储运单元	氯化钠（食盐）水溶液电解生产氯气、氢氧化钠、氢气

续表

序号	工艺名称	反应类型	重点监控单元	典型工艺
3	氯化工艺	放热反应	氯化反应釜、氯气储运单元	氯取代烷烃的氢原子制备氯代烷烃，乙炔与氯加成氯化生成1,2-二氯乙烯，乙烯氧氯化生产二氯乙烷
4	硝化工艺	放热反应	硝化反应釜、分离单元	苯硝化制备硝基苯，甲苯硝化生产三硝基甲苯
5	合成氨工艺	吸热反应	合成塔、压缩机、氨储存系统	德士古水煤浆加压气化法，甲醇与合成氨联合生产的联醇法
6	裂解（裂化）工艺	高温吸热反应	裂解炉、制冷系统、压缩机、引风机、分离单元	热裂解制烯烃工艺，重油催化裂化制汽油、柴油、丙烯、丁烯
7	氟化工艺	放热反应	氟化剂储运单元	SbF_3、AgF_2、CoF_3等金属氟化物与烃反应制备氟化烃，氟化氢气体与氢氧化铝反应制备氟化铝
8	加氢工艺	放热反应	加氢反应釜、氢气压缩机	环戊二烯加氢生产环戊烯，苯加氢生成环己烷
9	重氮化工艺	绝大多数是放热反应	重氮化反应釜、后处理单元	对氨基苯磺酸钠与2-萘酚制备酸性橙-II染料，苯胺与亚硝酸钠反应生产苯胺基重氮苯
10	氧化工艺	放热反应	氧化反应釜	乙烯氧化制环氧乙烷，甲醇氧化制备甲醛
11	过氧化工艺	吸热反应或放热反应	过氧化反应釜	双氧水的生产，酸酐与双氧水作用直接制备过氧二酸，异丙苯经空气氧化生产过氧化氢异丙苯
12	胺基化工艺	放热反应	胺基化反应釜	邻硝基氯苯与氨水反应制备邻硝基苯胺，甲醇在催化剂和氨气作用下制备甲胺
13	磺化工艺	放热反应	磺化反应釜	硝基苯与液态三氧化硫制备间硝基苯磺酸，苯磺化制备苯磺酸
14	聚合工艺	放热反应	聚合反应釜、粉体聚合物料仓	聚乙烯生产，腈纶生产，丁腈橡胶生产，醋酸乙烯乳液生产
15	烷基化工艺	放热反应	烷基化反应釜	乙烯与苯发生烷基化反应生产乙苯，苯胺和甲醚烷基化生产苯甲胺
16	新型煤化工工艺	放热反应	煤气化炉	煤制油（费-托合成油），煤制烯烃（甲醇制烯烃），煤制乙二醇（合成气制乙二醇）
17	电石生产工艺	吸热反应	电石炉	石灰和炭素材料（焦炭、兰炭、石油焦、冶金焦、白煤等）反应制备电石
18	偶氮化工艺	放热反应	偶氮化反应釜、后处理单元	脂肪族偶氮化合物合成，芳香族偶氮化合物合成

1.5 化学反应热安全评估概述

从化学工业出现以来，人们就意识到化学放热反应的危害，系统地对放热反应各种效应进行研究始于二十世纪六七十年代的欧洲，许多来自不同公司、不同国家的专家和组织对化工行业不断出现事故的研究加深了人们对放热反应危害的理解和认识。1993 年英国学者 John Barton 和 Richard Rogers 出版了 *Chemical Reaction Hazards* 一书，提供了一些热安全参数的获取方法，被视为化学反应热危险性控制指南，书中介绍了化学反应危险性的评估实践，重在指导人们如何对化学反应进行安全处置。1994 年德国学者 Theodor Grewer 出版了专著

Thermal Hazards of Chemical Reactions，旨在告知人们如何理解放热反应的危害，介绍以安全操作为目的的物料安全特性及相关测试方法。随着各种现代测试技术的发展、对热安全问题研究的不断深入，人们对化工热安全的认识也不断进步。2008 年瑞士学者 Francis Stoessel 出版了专著 *Thermal Safety of Chemical Processes——Risk Assessment and Process Design*，该书系统介绍了热风险的概念、评估方法、测试技术；围绕热风险，结合各类反应器进行分析并给出相应的控制方法；将物质热稳定性、自催化反应及传热受限问题都纳入热风险研究范畴；从反应失控可能的最坏情形出发，介绍工艺热风险分析、评估和分级，并提出相应的控制方法和对策措施[17,18]。

因在测试技术等方面的不足，国内关于化学反应热安全的研究起步较晚。近年来，随着危险化学品，包括火炸药等含能物质，在生产、储存、运输等过程中的实际安全需要不断增多，国内在化学反应热安全领域也开展了大量工作。在 Web of Science 中输入关键词 thermal hazard，搜索自 2000 年以来的文献，如图 1-1 所示。文献数量从 2000 年的 59 篇，增加到 2019 年之后的 700 篇以上，化学反应热安全评估成为化工安全研究的热点之一，其中涉及化学物质热稳定性、化学反应热安全、化工工艺热风险评估等内容。

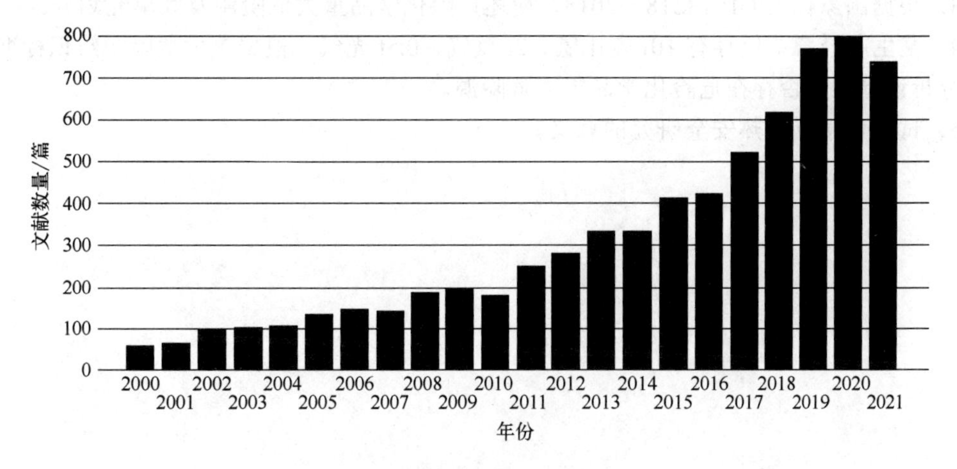

图 1-1　2000～2021 年含关键词 thermal hazard 的文献数量

2017 年 1 月 5 日，国家安监总局发布的《关于加强精细化工反应安全风险评估工作的指导意见》指出：“精细化工生产中反应失控是发生事故的重要原因，开展精细化工反应安全风险评估、确定风险等级并采取有效管控措施，对于保障企业安全生产意义重大。开展反应安全风险评估也是企业获取安全生产信息，实施化工过程安全管理的基础工作，加强企业安全生产管理的必然要求。”2021 年 3 月 26 日，国家应急管理部发布“关于征求《精细化工反应安全风险评估规范（征求意见稿）》意见的函”，明确指出：“精细化工复杂多变，主要风险来自反应风险，反应风险造成温度和压力急剧升高，引发爆炸事故占比高，造成的损失大。关注物料、工艺过程和反应失控，研究测试获取各项热力学和动力学数据，从物料分解热、失控反应严重度、失控反应可能性、失控反应风险可接受程度，以及反应工艺危险度五个方面，开展可量化的反应安全风险评估，是工艺设计、工艺优化、工程化放大的科学依据和有效实施风险控制的重要举措。”《精细化工反应安全风险评估规范》将《关于加强精细化工反应安全风险评估工作的指导意见》的有关要求和《危险化学品安全专项整治三年行动实施方案》中“现有涉及硝化、氯化、氟化、重氮化、过氧化工艺的精细化工生产装置必须于 2021 年年底前完成有关产品生产工艺全流程的反应安全风险评估”等转化为标准要求；以上五个方面既整合了应急管理部规范性文件的要求，又避免了评估范围无限扩大，循序渐进，便于贯彻执行。

依据《关于加强精细化工反应安全风险评估工作的指导意见》和《精细化工反应安全风险评估规范》，对化工行业尤其是精细化工行业开展反应风险评估具有重要意义。中国化学品安全协会对开展精细化工反应安全风险评估相关服务的实验室和评估机构进行条件审核。化工反应风险评估现已受到国内多方关注，展开相关研究和社会服务的机构正逐年增加。

思考题

1．简述危险化学品及危险货物的分类。

2．我国重点监管的危险化工工艺有哪些？试选择一种分析该工艺的安全风险。

3．根据国家标准 GB 18218—2018，简述危险化学品重大危险源及其单元划分。

4．某生产经营单位存有 10t 硫化氢、2t 氯气、0.5t 光气，根据重大危险源辨识标准的规定，分析该单位是否存在危险化学品重大危险源。

5．试述化学反应热安全研究的意义。

第 2 章

化学反应动力学和热力学基础

研究化学反应过程，必须从反应动力学和热力学两个方面考虑，二者是密不可分的，前者可以解决反应的速率和机理等问题，后者可以解决反应的方向和限度等问题。通过反应动力学和热力学研究，不仅可以知道如何控制反应条件以及反应中的能量转化，还可以指导危险化学品生产过程、储存运输过程中热分解、热自燃所引起的热失控防控，是反应热安全分析过程中的重要手段。本章主要介绍化学反应动力学和热力学相关的基础概念以及热分析动力学的计算方法。

2.1 化学反应动力学

2.1.1 具有简单反应级数的反应

化学反应按照反应历程的复杂程度可以分为简单反应和复杂反应两大类。其中，反应速率可表示为各反应物浓度的正整数方幂的单一反应为简单反应；反应历程较复杂、反应物分子需经几步反应才能转化为生成物的反应为复杂反应。

对于化学计量反应

$$aA + bB + \cdots \longrightarrow \cdots + eE + fF$$

其经验速率方程常常也可写成幂乘积的形式

$$r = kc_A^{n_A}c_B^{n_B}\cdots \tag{2-1}$$

式中，各浓度的方次 n_A 和 n_B 等（一般不等于各组分的计量系数）分别称为反应组分 A 和 B 等的反应分级数，无量纲。反应总级数 n 为各组分反应分级数的代数和，简称反应级数

$$n = n_A + n_B + \cdots \tag{2-2}$$

如果反应的速率方程不能表示为幂乘积的形式，则反应级数没有定义。反应级数的大小

表示浓度对反应速率影响的程度，级数越大，则反应速率受浓度的影响越大。

反应速率常数 k 的单位为$(\mathrm{mol/m^3})^{1-n}/\mathrm{s}$，与反应级数有关。

（1）零级反应

对于反应

$$\mathrm{A} \longrightarrow \text{产物}$$

若反应的速率与反应物 A 浓度的零次方成正比，该反应即为零级反应

$$-\frac{\mathrm{d}c_{\mathrm{A}}}{\mathrm{d}t} = k_{\mathrm{A}} c_{\mathrm{A}}^{0} = k_{\mathrm{A}} \tag{2-3}$$

零级反应实际是反应速率与反应物浓度无关的反应，也就是说，不管 A 的浓度为多少，单位时间 A 发生反应的量是恒定的。反应的总级数为零的反应并不多，已知最多的零级反应是在表面上发生的复相催化反应，如氧化亚氮在铂丝上的分解反应、高压下氨在钨丝上的分解反应。对于某一个参加反应的物种而言，级数是零的反应却是很常见的。

由式（2-3）可知，零级反应的速率常数 k_{A} 的物理意义是单位时间内 A 的浓度减少的量，其单位为 $\mathrm{mol/(m^3 \cdot s)}$。

将式（2-3）积分得

$$c_{\mathrm{A0}} - c_{\mathrm{A}} = k_{\mathrm{A}} t \tag{2-4}$$

式中，c_{A0} 为反应开始（t=0）时反应物 A 的浓度，即 A 的初始浓度；c_{A} 为反应至某一时刻 t 时反应物 A 的浓度。零级反应 c_{A} -t 呈直线关系，如图 2-1 所示。

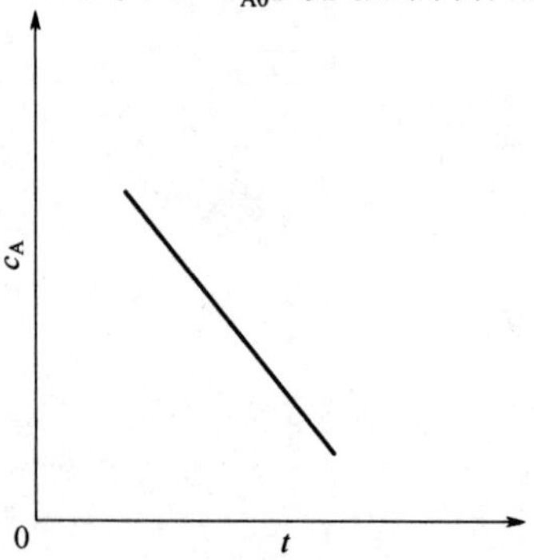

图 2-1　零级反应的直线关系

反应物反应掉一半所需要的时间定义为反应的半衰期，以符号 $t_{1/2}$ 表示。

当 $c_{\mathrm{A}} = c_{\mathrm{A0}}/2$ 时，零级反应的半衰期为

$$t_{1/2} = c_{\mathrm{A0}} / (2k_{\mathrm{A}}) \tag{2-5}$$

表明零级反应的半衰期正比于反应物的初始浓度。

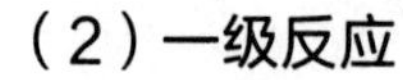

（2）一级反应

对于反应

$$a\mathrm{A} \longrightarrow \text{产物}$$

若反应的速率与反应物 A 浓度的一次方成正比，该反应即为一级反应

$$-\frac{1}{a} \times \frac{\mathrm{d}c_{\mathrm{A}}}{\mathrm{d}t} = k c_{\mathrm{A}} \tag{2-6a}$$

或

$$-\frac{\mathrm{d}c_{\mathrm{A}}}{\mathrm{d}t} = k_{\mathrm{A}} c_{\mathrm{A}} \tag{2-6b}$$

式中，$k_{\mathrm{A}} = ak$。例如，热分解反应、异构化反应、放射性元素蜕变反应等均为一级反应。

该式可以写作 $-(\mathrm{d}c_{\mathrm{A}} / c_{\mathrm{A}}) / \mathrm{d}t = k_{\mathrm{A}}$，式中 $\mathrm{d}c_{\mathrm{A}} / c_{\mathrm{A}}$ 为 $\mathrm{d}t$ 时间内 A 反应掉的分数。比值 $-(\mathrm{d}c_{\mathrm{A}} / c_{\mathrm{A}}) / \mathrm{d}t$ 与反应物的浓度无关，它表示单位时间内反应物 A 反应掉的分数，这就是一级反应中 k_{A} 的物理意义。一级反应 k_{A} 的单位为 $\mathrm{s^{-1}}$。

将式（2-6b）积分得

$$\ln\frac{c_{A0}}{c_A}=k_At \tag{2-7a}$$

或

$$c_A=c_{A0}e^{-k_At} \tag{2-7b}$$

式中可以看出，一级反应 $\ln c_A$-t 呈直线关系，直线的斜率为 $-k_A$，如图 2-2 所示。

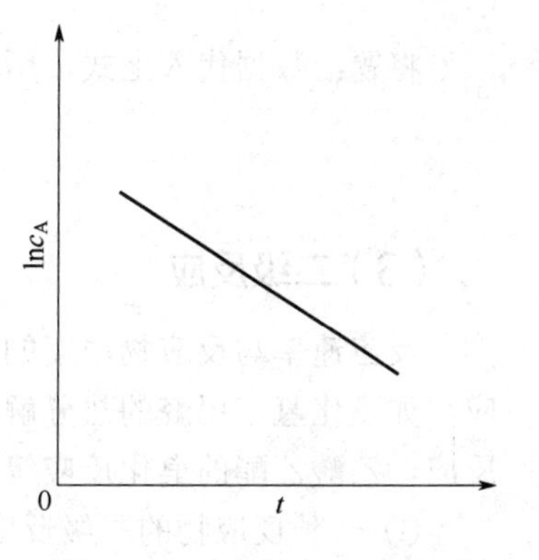

图 2-2　一级反应的直线关系

若设反应物 A 的转化率为 α_A，则 α_A 的定义为

$$\alpha_A=\frac{c_{A0}-c_A}{c_{A0}} \tag{2-8}$$

当 $c_A=c_{A0}/2$ 时，一级反应的半衰期为

$$t_{1/2}=\frac{\ln 2}{k_A}=\frac{0.693}{k_A} \tag{2-9}$$

由此可见，一级反应的半衰期与反应物的初始浓度无关。

例 2-1　N_2O_5 在惰性溶剂四氯化碳中的分解反应是一级反应：

$$\begin{array}{c}\qquad\qquad N_2O_4(\text{溶液})\\ \qquad\qquad\Big\updownarrow\\ N_2O_5(\text{溶液})\longrightarrow 2NO_2(\text{溶液})+\frac{1}{2}O_2(g)\end{array}$$

分解产物 NO_2 和 N_2O_4 都溶于溶液中，而 O_2 则逸出，在恒温恒压下，用量气管测定 O_2 的体积，以确定反应的进程。

在 40℃时进行实验。当 O_2 的体积为 10.75cm^3 时开始计时（$t=0$）。当 $t=2400$s 时，O_2 的体积为 29.65cm^3，经过很长时间，N_2O_5 分解完毕时（$t=\infty$），O_2 的体积为 45.50cm^3。试根据以上数据求此反应的速率常数和半衰期。

解：以 A 代表 N_2O_5，B 代表 O_2。一级反应 $k_A=\frac{1}{t}\ln\frac{c_{A0}}{c_A}$，代入 t 和 c_{A0}/c_A 数据即可求得 k_A。现实验测量的是产物 O_2 在 T、p 下的体积，故要用不同时刻 O_2 的体积来表示 c_{A0}/c_A。下面进行推导。假设 O_2 适用理想气体状态方程式。

各不同 t 时，N_2O_5、O_2 的物质的量及体积如下

$$\begin{array}{c}\qquad\qquad N_2O_4(\text{溶液})\\ \qquad\qquad\Big\updownarrow\\ N_2O_5(\text{溶液})\longrightarrow 2NO_2(\text{溶液})+\frac{1}{2}O_2(g)\end{array}$$

$$\begin{array}{llll} t=0 & n_{A0} & n_{B0} & V_0=n_{B0}RT/p\\ t=t & n_A & n_{B0}+\frac{1}{2}(n_{A0}-n_A) & V_t=\left[n_{B0}+\frac{1}{2}(n_{A0}-n_A)\right]RT/p\\ t=\infty & 0 & n_{B0}+\frac{1}{2}n_{A0} & V_\infty=\left(n_{B0}+\frac{1}{2}n_{A0}\right)RT/p \end{array}$$

对比 V_0、V_t、V_∞ 可得 $V_\infty-V_0=\frac{1}{2}n_{A0}RT/p$，因溶液体积不变，故 $\frac{c_{A0}}{c_A}=\frac{n_{A0}}{n_A}=\frac{V_\infty-V_0}{V_\infty-V_t}$。

所以

$$k_A = \frac{1}{t} \ln \frac{V_\infty - V_0}{V_\infty - V_t}$$

将题给数据代入上式，所求反应速率常数和半衰期为

$$k_A = 3.271 \times 10^{-4} s^{-1}$$

$$t_{1/2} = 2119s$$

（3）二级反应

反应速率与反应物浓度的二次方成正比的反应称为二级反应。二级反应是最为常见的反应，如碘化氢、甲醛的热分解，氢与碘蒸气化合成碘化氢，乙烯、丙烯、异丙烯的气相二聚反应，乙酸乙酯的皂化反应等。

① 一种反应物的二级反应

对于反应 $a\text{A} \longrightarrow$ 产物

其速率方程为

$$-\frac{\mathrm{d}c_A}{\mathrm{d}t} = akc_A^2 = k_A c_A^2 \tag{2-10}$$

从式（2-10）可以看出二级反应 k 的单位是 $m^3/(mol \cdot s)$。这是二级反应的第一个特征。

将式（2-10）积分得

$$\frac{1}{c_A} - \frac{1}{c_{A0}} = k_A t \tag{2-11}$$

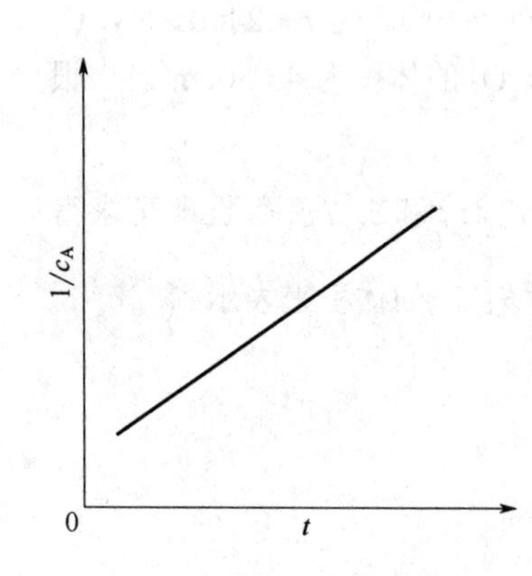

图 2-3　二级反应的直线关系

这是二级反应的动力学方程。从该式可知，二级反应的 $1/c_A$ - t 呈直线关系，如图 2-3 所示，这是二级反应的第二个特征。

当 $c_A = c_{A0}/2$ 时，二级反应的半衰期为

$$t_{1/2} = \frac{1}{k_A c_{A0}} \tag{2-12}$$

由式（2-12）可知，二级反应的半衰期与反应物的初始浓度成反比，这是该二级反应的第三个特征。

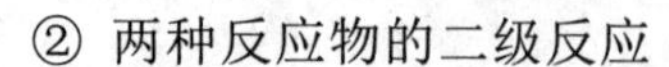
② 两种反应物的二级反应

对于反应 $a\text{A} + b\text{B} \longrightarrow$ 产物

其速率方程为

$$-\frac{\mathrm{d}c_A}{\mathrm{d}t} = akc_A c_B \tag{2-13}$$

首先考虑 $c_{B0}/c_{A0} = b/a$，即反应物 A、B 的初始浓度比等于其计量系数之比的情况。这意味着在反应的任何时刻体系中的 A 与 B 的浓度比始终保持不变。因此可得

$$\frac{1}{c_A} - \frac{1}{c_{A0}} = k_B t \tag{2-14}$$

该式与式（2-11）形式相同，但值得注意的是k_A与k_B所对应的公式，两者之间的关系为$k_B/k_A=b/a$。

以同样的方式可得到其半衰期的表达式为

$$t_{1/2}=\frac{1}{k_B c_{A0}}=\frac{1}{k_A c_{B0}}=\frac{1}{bkc_{A0}}=\frac{1}{akc_{B0}} \tag{2-15}$$

在$c_{B0}/c_{A0}\neq b/a$的一般情况下，设 A 和 B 的初始浓度分别为c_{A0}和c_{B0}，在任何时刻 A 和 B 的消耗量与它们的计量系数成正比

$$\frac{c_{A0}-c_A}{c_{B0}-c_B}=\frac{a}{b} \tag{2-16}$$

如果令$c_X=c_{A0}-c_A$，即c_X为在时刻t反应物 A 消耗的浓度，此时反应物 B 消耗掉的浓度为b/ac_X。整理可得

$$\frac{1}{ac_{B0}-bc_{A0}}\ln\frac{c_{A0}\left(ac_{B0}-bc_X\right)}{ac_{A0}\left(c_{A0}-c_X\right)}=kt \tag{2-17}$$

（4）n级反应

在诸多的n级反应中，仅讨论最简单的情况

$$-\frac{\mathrm{d}c_A}{\mathrm{d}t}=k_A c_A^n \tag{2-18}$$

式中，n可以是 0、1、2、3 等整数，也可以是非整数。且此式可应用于以下 2 种情况。

① 只有一种反应物

$$aA\longrightarrow \text{产物}$$

② 反应物浓度符合化学计量比$c_{A0}/a=c_{B0}/b=\cdots$的多种反应物的如下反应

$$aA+bB+\cdots\longrightarrow \text{产物}$$

将式（2-18）积分得到：

$$\frac{1}{n-1}\left(\frac{1}{c_A^{n-1}}-\frac{1}{c_{A0}^{n-1}}\right)=k_A t \tag{2-19}$$

从式中可知，k的单位为$(\mathrm{mol/m^3})^{1-n}/\mathrm{s}$。$\frac{1}{c_A^{n-1}}$-$t$呈直线关系。

当$c_A=c_{A0}/2$时，n级反应的半衰期为

$$t_{1/2}=\frac{2^{n-1}-1}{(n-1)k_A c_{A0}^{n-1}}\qquad (n\neq 1) \tag{2-20}$$

半衰期与c_{A0}^{n-1}成反比。

对以上讨论做个小结，将符合通式（2-18），且n=1、2、3、n的反应动力学方程积分式及动力学特征的结果列于表 2-1。

表 2-1 符合通式 $-\frac{dc_A}{dt}=k_A c_A^n$ 的各级反应及其特征

级数	速率方程		特征		
	微分式	积分式	k_A 的单位	直线关系	$t_{1/2}$
0	$-\frac{dc_A}{dt}=k_A$	$c_{A0}-c_A=k_A t$	$mol/(m^3 \cdot s)$	c_A-t	$c_{A0}/(2k_A)$
1	$-\frac{dc_A}{dt}=k_A c_A$	$\ln\frac{c_{A0}}{c_A}=k_A t$	s^{-1}	$\ln c_A$-t	$\frac{\ln 2}{k_A}$
2	$-\frac{dc_A}{dt}=k_A c_A^2$	$\frac{1}{c_A}-\frac{1}{c_{A0}}=k_A t$	$(mol/m^3)^{-1}/s$	$\frac{1}{c_A}$-t	$\frac{1}{k_A c_{A0}}$
3	$-\frac{dc_A}{dt}=k_A c_A^3$	$\frac{1}{2}\left(\frac{1}{c_A^2}-\frac{1}{c_{A0}^2}\right)=k_A t$	$(mol/m^3)^{-2}/s$	$\frac{1}{c_A^2}$-t	$\frac{1}{k_A c_{A0}^2}$
n	$-\frac{dc_A}{dt}=k_A c_A^n$	$\frac{1}{n-1}\left(\frac{1}{c_A^{n-1}}-\frac{1}{c_{A0}^{n-1}}\right)=k_A t$	$(mol/m^3)^{1-n}/s$	$\frac{1}{c_A^{n-1}}$-t	$\frac{2^{n-1}-1}{(n-1)k_A c_{A0}^{n-1}}$

2.1.2 反应级数的确定方法

化学反应级数是通过反应速率方程确定的。要达到这一目的，需要通过实验精确测定一定反应温度下不同反应时刻的反应物的浓度或压力，也可测量不同的初始反应物浓度下反应的半衰期。然后，根据这些数据选择合适的方法来确定反应级数、反应级数的动力学积分式。

（1）积分法

积分法也称尝试法，就是逐个尝试某一化学反应的 c_A 与 t 的关系，看其适合哪种简单反应级数的动力学方程积分形式，从而确定该反应的级数。积分法只用于整级数反应，且由于二级反应最为常见，通常首先尝试 $1/c_A$-t 图。

（2）半衰期法

半衰期法的依据是化学反应的半衰期和反应物初始浓度之间的关系与反应级数有关。当 $n=1$ 时，半衰期与起始浓度无关。但 $n\neq1$ 时，反应的半衰期为

$$t_{1/2}=\frac{2^{n-1}-1}{(n-1)k_A c_{A0}^{n-1}} \tag{2-20}$$

两边取对数得

$$\ln t_{1/2}=\ln\frac{2^{n-1}-1}{(n-1)k_A}+(1-n)\ln c_{A0} \tag{2-21}$$

即反应半衰期的对数与反应的初始浓度成直线关系，直线的斜率为 $1-n$，从而确定反应级数。

（3）初始速率法

测定不同初始浓度下的初始反应速率，再利用反应速率的微分形式来确定反应的级数。

由于采用了初始速率，此时反应生成的产物的量可以忽略不计，从而排除了产物的生成对反应速率的影响。

（4）微分法

使用微分法时需保持各反应物起始浓度相等，然后对 n 级反应的微分形式两边取对数，得

$$\ln\left(-\frac{\mathrm{d}c_{\mathrm{A}}}{\mathrm{d}t}\right)=\ln k_{\mathrm{A}}+n\ln c_{\mathrm{A}} \tag{2-22}$$

根据上式，要求得反应级数，首先要测定不同时刻 t 时反应物的瞬时浓度，然后作 c_{A} - t 曲线图，求出曲线上每一点的切线斜率，即为 $-\frac{\mathrm{d}c_{\mathrm{A}}}{\mathrm{d}t}$，最后作 $\ln\left(-\frac{\mathrm{d}c_{\mathrm{A}}}{\mathrm{d}t}\right)-\ln c_{\mathrm{A}}$ 曲线，所得直线斜率就是反应级数 n。该方法适用于任何级数反应。

（5）隔离法

隔离法就是指其他浓度不变，专门研究一种物质浓度变化的影响。使除了要确定反应级数的组分 A 外的其他组分大量过量，即 $c_{\mathrm{B0}}\gg c_{\mathrm{A0}}$，$c_{\mathrm{C0}}\gg c_{\mathrm{A0}}$ 等，因此在反应过程中可以认为这些组分的浓度为常数，从而得到假 n 级反应

$$r_{\mathrm{A}}=\left(k_{\mathrm{A}}c_{\mathrm{B0}}^{n_{\mathrm{B}}}c_{\mathrm{C0}}^{n_{\mathrm{C}}}\cdots\right)c_{\mathrm{A}}^{n_{\mathrm{A}}}=k'c_{\mathrm{A}}^{n_{\mathrm{A}}} \tag{2-23}$$

其反应级数可通过尝试法或半衰期法得到。利用同样的步骤即可确定所有组分的反应级数。

2.1.3 典型复杂化学反应

复杂化学反应就是两个或两个以上基元反应的组合。基元反应或具有简单级数的复杂反应还可以进一步组合成为更复杂的反应。典型的复杂化学反应有三类：可逆反应、平行反应和连串反应。

（1）可逆反应

可逆反应又称对峙反应，是正向和逆向同时进行的反应。原则上，一些可逆反应，当偏离平衡状态很远时，逆向反应往往可以忽略不计，否则逆向反应速率不能忽略。可逆反应的特点是容易达到平衡。在化工生产中，典型可逆反应有光气的合成与分解，碘化氢与其单质元素之间的转换，顺反异构化反应等。

以最简单的一级可逆反应为例：

$$\mathrm{A}\underset{k_{-1}}{\overset{k_1}{\rightleftharpoons}}\mathrm{B}$$

$t=0$ 时	c_{A0}	0
$t=t$ 时	c_{A}	$c_{\mathrm{A0}}-c_{\mathrm{A}}$
$t=\infty$ 时	c_{Ae}	$c_{\mathrm{A0}}-c_{\mathrm{Ae}}$

式中，c_{A0} 为 A 的初始浓度，c_{Ae} 为 A 的平衡浓度。B 的初始浓度 $c_{\mathrm{B0}}=0$。

在 t 时刻，反应物 A 的净消耗速率为

$$-\frac{\mathrm{d}c_{\mathrm{A}}}{\mathrm{d}t}=k_1c_{\mathrm{A}}-k_{-1}\left(c_{\mathrm{A0}}-c_{\mathrm{A}}\right) \tag{2-24}$$

当$t=\infty$时，反应达到平衡，正逆反应速率相等，可得：

$$k_1c_{\mathrm{Ae}}=k_{-1}c_{\mathrm{B}}=k_{-1}\left(c_{\mathrm{A0}}-c_{\mathrm{Ae}}\right) \tag{2-25}$$

$$\frac{c_{\mathrm{A0}}-c_{\mathrm{Ae}}}{c_{\mathrm{Ae}}}=\frac{k_1}{k_{-1}}=K_{\mathrm{c}} \tag{2-26}$$

式中，K_{c}为经验平衡常数。将式（2-26）代入式（2-24）中，积分得

$$\ln\frac{c_{\mathrm{A0}}-c_{\mathrm{Ae}}}{c_{\mathrm{A}}-c_{\mathrm{Ae}}}=\left(k_1+k_{-1}\right)t=k_1\left(1+\frac{1}{K_{\mathrm{c}}}\right)t \tag{2-27}$$

从上式可以看出，总反应仍为一级反应。以$\ln\left(c_{\mathrm{A}}-c_{\mathrm{Ae}}\right)$-$t$作图，只要知道反应物的平衡浓度和任意时刻反应物的浓度，就可以从直线斜率求出k_1+k_{-1}，再与式（2-26）结合即可求出k_1与k_{-1}。

（2）平行反应

反应物能同时进行几种不同的反应，称为平行反应或联立反应。在平行反应中，生成主要产物的反应为主反应，其余反应为副反应。在化工生产中，平行反应是经常遇到的反应，例如苯酚硝化反应就是一种具有相同级数的平行反应。

假设反应物A能通过两个独立的反应生成产物B和产物C，即

$$\mathrm{A}\begin{cases}\xrightarrow{k_1}\mathrm{B}\\ \xrightarrow[k_2]{}\mathrm{C}\end{cases}$$

假设两个反应都是一级反应，且在反应初始时$c_{\mathrm{B0}}=0$，$c_{\mathrm{C0}}=0$，则

$$\frac{\mathrm{d}c_{\mathrm{B}}}{\mathrm{d}t}=k_1c_{\mathrm{A}} \tag{2-28}$$

$$\frac{\mathrm{d}c_{\mathrm{C}}}{\mathrm{d}t}=k_2c_{\mathrm{A}} \tag{2-29}$$

反应总速率则为两个平行反应的速率之和

$$-\frac{\mathrm{d}c_{\mathrm{A}}}{\mathrm{d}t}=\frac{\mathrm{d}c_{\mathrm{B}}}{\mathrm{d}t}+\frac{\mathrm{d}c_{\mathrm{C}}}{\mathrm{d}t}=\left(k_1+k_2\right)c_{\mathrm{A}} \tag{2-30}$$

对该式两边积分，得

$$\ln\frac{c_{\mathrm{A0}}}{c_{\mathrm{A}}}=\left(k_1+k_2\right)t \tag{2-31}$$

从上式可以看出，总反应依然是一级反应，总速率常数为k_1+k_2。

将式（2-28）与式（2-29）相除后积分可得

$$\frac{c_{\mathrm{B}}}{c_{\mathrm{C}}}=\frac{k_1}{k_2} \tag{2-32}$$

即在任一瞬间产物的浓度之比都等于两反应速率常数之比，同时结合式（2-31）可以求出速率常数k_1和k_2。

（3）连串反应

凡是反应所产生的物质是另一个非逆向反应的反应物，则该反应称为连串反应或者连续反应。在连串反应中，若其中一步的速率常数较小，则总反应速率取决于最慢的一步，该步骤被称为速率控制步骤。在动力学方程的近似处理中，速率控制步骤具有非常重要的地位。

以最简单的情况为例，即两个一级反应组成的连串反应：

$$A \xrightarrow{k_1} B \xrightarrow{k_2} C$$

$t=0$ 时 $\quad c_{A0} \quad 0 \quad 0$

$t=t$ 时 $\quad c_A \quad c_B \quad c_C$

A 的消耗速率为
$$-\frac{dc_A}{dt}=k_1c_A$$

B 的净生成速率为
$$\frac{dc_B}{dt}=k_1c_A-k_2c_B$$

C 的生成速率为
$$\frac{dc_C}{dt}=k_2c_B$$

结合 $c_A+c_B+c_C=c_{A0}$ 可以得到 B 和 C 的浓度随时间 t 的变化

$$c_B=c_{A0}\frac{k_1}{k_2-k_1}\left(e^{-k_1t}-e^{-k_2t}\right) \tag{2-33}$$

$$c_C=c_{A0}\left(1-\frac{k_2e^{-k_1t}-k_1e^{-k_2t}}{k_2-k_1}\right) \tag{2-34}$$

一级连串反应的 $c(t)$-t 关系如图 2-4 所示。从图 2-4 中可以看出，反应初期 A 的浓度较大，而 B 的浓度较小，此时 B 的生成速率比其消耗速率快，因而此时 B 的浓度随时间增加不断增大。随着 A 的不断消耗和 B 的不断增加，中间产物 B 的消耗速率逐渐变得大于生成速率，这就使 B 的浓度会出现一个极大值。

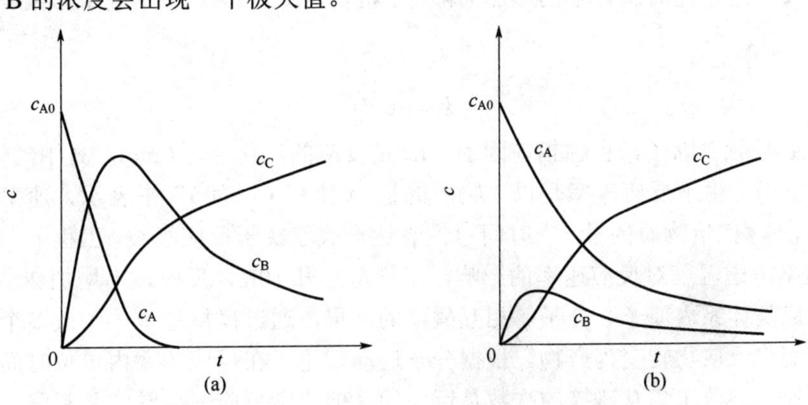

图 2-4 一级连串反应的 $c(t)$-t 图

若中间产物 B 为目标产物，则 c_B 达到极大值的时间，称为中间产物的最佳时间。反应达到最佳时间就必须立即终止反应，否则，目标产物的产率就要下降。中间产物 B 的最佳时间 t_{max} 和 B 的最大浓度 c_{Bmax} 为

$$t_{max}=\frac{\ln(k_2/k_1)}{k_2-k_1} \tag{2-35}$$

$$c_{\mathrm{Bmax}} = c_{\mathrm{A0}}\left(\frac{k_1}{k_2}\right)^{\frac{k_2}{k_2-k_1}} \tag{2-36}$$

例如，丙烯直接氧化制丙酮，为一连串反应：

$$丙烯 \xrightarrow{O_2} 丙酮 \xrightarrow{O_2} 乙酸 \xrightarrow{O_2} CO_2$$

丙酮为连串反应的中间产物，故当原料气在反应器中达到最佳时间 $t_{\max}$，应立即引出，进入吸收塔吸收丙酮。

复杂反应的速率一般通过选取控制步骤法、平衡态近似法以及稳态近似法确定。

2.1.4 化学反应速率的影响因素

2.1.4.1 温度对化学反应速率的影响

化学反应热安全必须考虑如何控制反应进程，而控制反应进程的关键在于控制反应速率，这是失控反应的原动力。因为反应的放热速率与反应速率成正比。所以，在一个反应体系的热行为中，反应动力学起着基础性的作用。本节对工艺安全有关的反应动力学内容进行介绍[17]。

（1）单一反应

单一反应 $A \longrightarrow P$，如果其反应级数为 n，转化率为 α_A，反应速率可由下式得到

$$-r_A = kc_{A0}^n\left(1-\alpha_A\right)^n \tag{2-37}$$

这表明反应速率随着转化率的增加而降低。根据 Arrhenius 方程，速率常数 k 是温度的指数函数

$$k = Ae^{\frac{-E_a}{RT}} \tag{2-38}$$

式中，A 是频率因子，也称指前因子；E_a 是反应的活化能，J/mol。式中气体常数 R 取 8.314J/(K·mol)。由于反应速率是以“物质的量/（体积·时间）”来表示，速率常数和指前因子的量纲［体积$^{n-1}$/(物质的量$^{n-1}$·时间)］的表达形式取决于反应级数。工程上，也常用 Van't Hoff 方程粗略考虑温度对反应速率的影响，温度每上升 10K，反应速率增加 2～4 倍。

化学反应是体系内原子、分子等相互碰撞的结果，通过碰撞造成一个或多个化学键断裂或形成，从而将反应物转变为产物。根据分子运动理论，在反应体系内单位时间、单位体积内反应物的原子、分子相互碰撞的次数是巨大的，但化学反应速率常常是有限的，这是因为并不是所有的碰撞都能够发生反应，只有碰撞能量足够大时才能发生反应，将能够发生反应碰撞的最小能量称为活化能。

活化能是反应动力学中一个重要参数，有两种解释：

① 反应要克服的能垒；

② 反应速率对温度变化的敏感度。

对于合成反应，活化能通常在 50～100kJ/mol 之间变化。在分解反应中，活化能可达到

160kJ/mol，甚至更大，有时还应当考虑自催化反应的情形。小于 40kJ/mol 的低活化能可能意味着反应受传质控制，较高活化能则意味着反应对温度的敏感性较高，一个在低温下很慢的反应可能在高温时变得剧烈，从而带来危险。

（2）复杂反应

化工过程中，反应混合物常常表现出复杂的行为，且总反应由若干单一反应组成，构成复杂反应的模式。有两个基本反应模式能说明复杂反应。

第一个基本反应模式是连串反应；第二个基本反应模式是平行反应。

本节讨论的反应为一级反应，但实际上也存在不同反应级数的反应。对于复杂反应，每一步的活化能都不同，因此不同反应对温度变化的敏感性不同，其结果取决于温度。在复杂反应中，有一个反应或反应机理占主导。当需要将动力学参数外推到一个大的温度范围时，要非常严谨。图 2-5（a）的例子中，如果为了得到较好的测试信号，在高温下进行量热测试，获得活化能为 E_{a1}，并用外推法外推到较低温度的情形，从而得到比实际情况更低的反应速率。图 2-5（b）的例子，测得活化能是 E_{a2}，但如果外推到较低温度时所获得的结果又是保守的。基于以上原因，进行量热测试的温度必须在操作温度或储存温度附近才有意义。

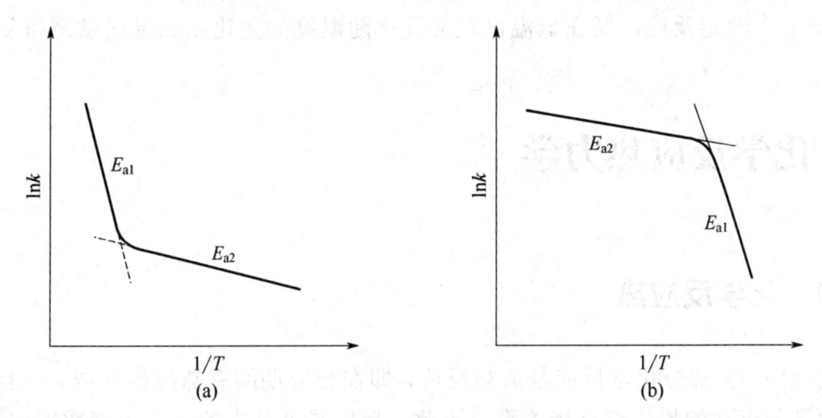

图 2-5　复杂反应的表观活化能在不同反应阶段随温度的变化

2.1.4.2　活化能对化学反应速率的影响

由 Arrhenius 定律可以看出，活化能 E_a 的大小既反映了反应进行的难易程度，也反映了温度对反应速率常数影响的大小。

假设有两个不同的反应，其速率常数分别为 k_1 和 k_2，活化能分别为 E_{a1} 和 E_{a2}，那么

$$\frac{k_1}{k_2}=\frac{A_1\exp\frac{-E_{a1}}{RT}}{A_2\exp\frac{-E_{a2}}{RT}}=\frac{A_1}{A_2}\exp\frac{E_{a2}-E_{a1}}{RT} \tag{2-39}$$

忽略指前因子的影响，则

$$\frac{\mathrm{d}\ln\left(k_1/k_2\right)}{\mathrm{d}T}=\frac{E_{a1}-E_{a2}}{RT^2} \tag{2-40}$$

若 $E_{a1}>E_{a2}$，则 $\frac{\mathrm{d}\ln\left(k_1/k_2\right)}{\mathrm{d}T}>0$，当 T 升高时，k_1/k_2 增大，表明 k_1 随温度的增幅比 k_2 的

增幅大。若 $E_{a1}<E_{a2}$，当 T 升高时，表明 k_2 随温度的增幅比 k_1 的增幅大。因此，在两个活化能不同的反应中，活化能较大的反应对温度升高较为敏感，即高温有利于活化能较大的反应，低温有利于活化能较小的反应。表 2-2 列出了活化能对反应速率的影响。

表 2-2　$\exp[-E_a/(RT)]$ 与 T、E_a 的关系

T/K	E_a/(kJ/mol)			
	83.68		167.36	
	$\exp[-E_a/(RT)]$	倍数	$\exp[-E_a/(RT)]$	倍数
500	1×10^{-9}	1	3.4×10^{-18}	1
1000	4×10^{-5}	4×10^{4}	1×10^{-9}	3×10^{8}
1500	1×10^{-3}	1×10^{6}	1.5×10^{-6}	4.4×10^{11}

活化能对反应速率的影响主要有以下三点：

① 在指定温度下，活化能低的反应，其反应速率大。

② 对于两个活化能不同的反应，升温有利于活化能高的反应。

③ 对于一个给定反应，其在低温区反应速率随温度的变化比高温区敏感得多。

2.2 化学反应热力学

2.2.1 化学反应热

化工过程中，大部分化学反应是放热反应，即在反应期间有热能的释放。一旦发生事故，能量的释放量与潜在的损失有直接关系。因此，反应热是其中的一个关键数据，是进行化学反应风险评估的参考依据。用于描述反应热的参数有摩尔反应焓 ΔH_r(kJ/mol)以及比反应热 Q'_r(kJ/kg)[17]。

(1) 摩尔反应焓

摩尔反应焓是指在一定状态下发生了 1mol 化学反应的焓变。如在标准状态下，则为标准摩尔反应焓。表 2-3 列出了一些典型摩尔反应焓值。

表 2-3　典型摩尔反应焓值

反应类型	摩尔反应焓 ΔH_r/(kJ/mol)	反应类型	摩尔反应焓 ΔH_r/(kJ/mol)
中和反应（HCl）	-55	环氧化反应	-100
中和反应（H_2SO_4）	-105	聚合反应（苯乙烯）	-60
重氮化反应	-65	加氢反应（烯烃）	-200
磺化反应	-150	加氢（氢化）反应（硝基类）	-560
胺化反应	-120	硝化反应	-130

反应焓也可以根据生成焓 ΔH_f 得到，生成焓可以参见有关热力学性质表

$$\Delta H_r^{\ominus} = \sum_{产物} \Delta H_{f,i}^{\ominus} - \sum_{反应物} \Delta H_{f,i}^{\ominus} \tag{2-41}$$

生成焓可以采用 Benson 基团加和法计算得到。采用该方法计算得到的生成焓是假定分子处于气相状态中，因此，对于液相反应须通过冷凝潜热加以修正，这些值可以用于初步的、粗略的近似估算。

（2）比反应热

比反应热是单位质量反应物料直接反应时放出的热。比反应热是与安全相关的具有重要使用价值的参数。比反应热和摩尔反应焓的关系如下

$$Q_r' = \rho^{-1} c \left(-\Delta H_r\right) \tag{2-42}$$

式中，ρ 为反应物料的密度，kg/m^3；c 为反应物的浓度，mol/m^3；ΔH_r 为摩尔反应焓，kJ/mol。

显然，比反应热取决于反应物的浓度，不同的工艺、不同的操作方式均会影响比反应热的数值。因此，应尽可能根据实际条件通过量热实验测量比反应热，一旦获得该参数，在工艺放大过程可以直接采用。对于有的反应来说，式（2-41）和式（2-42）的摩尔反应焓也会随着操作条件的不同在很大范围内变化。例如，磺化剂的种类和浓度不同，磺化反应的反应焓会在−60～150kJ/mol 的范围内变动。此外，反应过程中的结晶热和混合热也可能对实际热效应产生影响。

2.2.2 分解热

化学反应过程中涉及的反应物料通常处于亚稳定状态。一旦通过热作用、机械作用等输入一定外界能量，可能会使这样的反应物料变成高能和不稳定的中间状态，这个中间状态通过能量释放转化成更稳定的状态。图 2-6 显示了一个反应路径。沿着反应路径，能量首先增加，然后降到一个较低的水平，分解热（ΔH_d）沿着反应路径释放。它通常比一般的反应热数值高，但比燃烧热低。分解产物往往未知或者不易确定，这意味着很难由标准生成焓估算分解热。

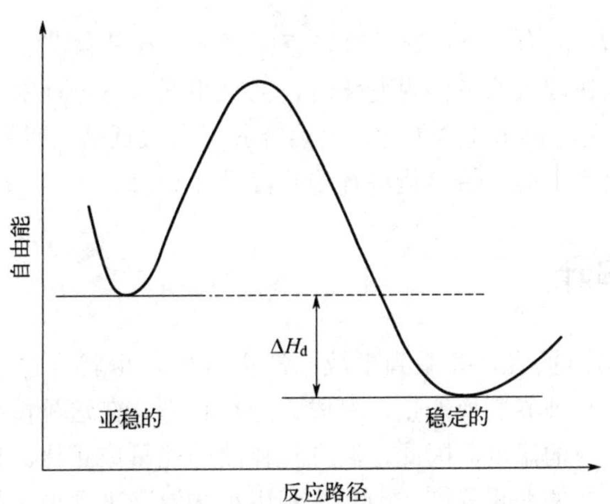

图 2-6 自由能沿反应路径的变化

2.2.3 比热容

体系的热容是指体系温度上升 1K 时所需要的能量，单位为 J/K。工程上常用单位质量物料的热容即比热容来分析计算。比热容的量纲为 kJ/(K·kg)，用 c_p 表示。典型物质的比热容见表 2-4。

混合物的比热容可以根据混合规则由不同化合物的比热容估算得到

$$c_p = \frac{\sum_i w_i c_{p,i}}{\sum_i w_i} \tag{2-43}$$

式中，w_i 为第 i 种物料的质量分数；$c_{p,i}$ 为第 i 种物料的比热容；c_p 为混合物的比热容。

表 2-4 典型物质的比热容

化合物	比热容 c_p /[kJ/(K·kg)]	化合物	比热容 c_p /[kJ/(K·kg)]
水	4.2	甲苯	1.69
甲醇	2.55	对二甲苯	1.72
乙醇	2.45	氯苯	1.3
2-丙醇	2.58	四氯化碳	0.86
丙酮	2.18	氯仿	0.97
苯胺	2.08	10%的 NaOH 水溶液	1.4
正己烷	2.26	100%H_2SO_4	1.4
苯	1.74	NaCl	4.0

比热容随着温度升高而增加，例如液态水在 20℃时比热容为 4.182kJ/(K·kg)，在 100℃时为 4.216kJ/(K·kg)。它的变化通常用多项式来描述

$$c_p(T) = a + bT + cT^2 + dT^3 + eT^4 \tag{2-44}$$

式中，a、b、c、d、e 为经验系数，可以查阅相关手册获得[19]。为了获得精确的结果，当反应物料的温度可能在较大的范围内变化时，需采用此方程。而对于凝聚相物质，比热容随温度的变化较小。此外，出于安全考虑，比热容应当取较低值，即忽略比热容的温度效应。通常采用在较低工艺温度下的比热容值进行绝热温升的计算。

2.2.4 绝热温升

反应或分解产生的热量直接关系到事故的严重程度，也就是说关系到失控后的潜在损失。如果反应体系不能与外界交换能量，将成为绝热状态。在这种情况下，反应所释放的全部能量用来提高体系自身的温度。因此，温升与释放的能量成正比。通常能量大小的数量级难以直观判断反应热失控的严重程度。因此，利用绝热温升来评估失控反应的严重度是一个比较方便的做法，它可以由比反应热除以比热容得到[17]

$$\Delta T_{ad}=\frac{(-\Delta H_r)c}{\rho c_p}=\frac{Q'_r}{c_p} \tag{2-45}$$

式中，ρ 为反应物料的密度；ΔH_r 为摩尔反应焓；c 为反应物浓度；c_p 为比热容；Q'_r 为比反应热。中间项着重指出绝热温升是反应物浓度和摩尔反应焓的函数，因此，它取决于工艺条件，尤其是加料方式和物料浓度。式（2-45）的右侧项涉及比反应热，这对量热结果的解释尤其有用，因为这些结果常以比反应热来表示。因此，对量热实验的结果进行解释，必须考虑其工艺条件，尤其是浓度。当量热实验结果用于评估不同工艺条件时，常常要考虑这方面的因素。冷却系统失效时，绝热温升越高，则体系达到的最终温度将越高，这可能引起反应物料进一步发生分解，一旦发生二次分解，所放出的热量将远远超过目标反应，从而大大增加了反应失控的风险。为了估算反应失控的潜在严重度，表 2-5 给出了某目标反应及其失控后二次分解反应的典型能量以及可能导致的后果（体系绝热温升的量级和与之相当的机械能，其中机械能是以 1kg 反应物料来计算的）。

表 2-5　目标反应和分解反应典型能量

反应	目标反应	分解反应
比反应热/(kJ/kg)	100	2000
绝热温升/K	50	1000
每千克反应混合物导致甲醇汽化的质量/kg	0.1	1.8
转化为机械势能，相当于把 1kg 物体举起的高度/km	10	200
转化为机械动能，相当于把 1kg 物体加速到的速度/(km/s)	0.45（1.5 马赫数）	2（6.7 马赫数）

显然，目标反应本身可能危险性不大，但分解反应却可能导致严重后果。为了说明这点，以溶剂的蒸发量进行计算，因为失控后当体系温度达到沸点时溶剂将蒸发。在表 2-5 举的例子中，就经过适当设计的工业反应器而言，仅来自目标反应的反应热不易产生不良影响。一旦发生反应物料的分解反应，其结果将比较严重。因此，溶剂蒸发可能导致的二次效应就在于反应容器内压力增大，容器破裂并形成可燃性蒸气云，如果蒸气云被点燃，会导致严重爆炸。

2.2.5　赫斯定律

赫斯定律是 1840 年赫斯建立的关于化学反应热效应与反应途径无关的定律：化学反应的热效应只与系统进行化学反应的初、终状态有关，而与反应的中间途径无关。赫斯定律是能量守恒定律的必然推论，也是热力学第一定律在化学反应中的具体应用。

根据定容热效应和定压热效应的定义理解：定容热效应等于 ΔU，定压热效应等于 ΔH，U 和 H 都是状态参数，ΔU 和 ΔH 的数据与所经历的途径无关，只取决于反应前后的状态。因此热效应也只取决于反应前后的状态，而与所经历的途径无关。赫斯定律的重要性也就在于，它把不同的反应过程通过热效应关联起来，从而可由某些反应的热效应推算出其他反应的热效应。

例如，$C+\frac{1}{2}O_2$==CO 是一个很重要的反应，但其热效应却难以测量。如图 2-7 所示的两种反应过程，一种是

$$C+O_2 == CO_2,\quad \Delta H_{r1}=-393520\text{J/mol}$$

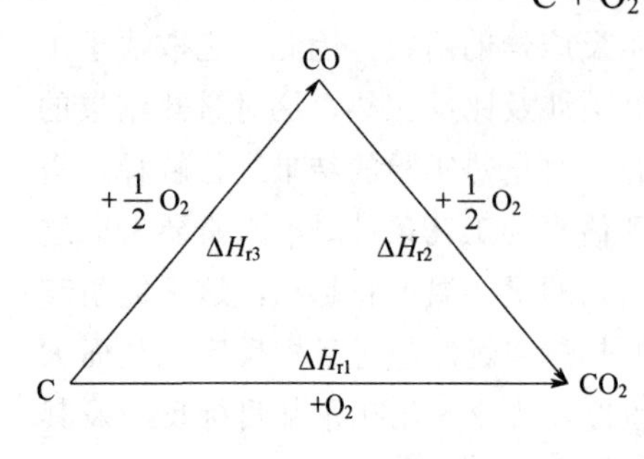

图 2-7　不同化学反应路径

另一种是

$$CO+\frac{1}{2}O_2 == CO_2,\quad \Delta H_{r2}=-282990\text{J/mol}$$

根据赫斯定律，可将两个反应相减得 $C+\frac{1}{2}O_2$==CO 的反应热效应为

$$\Delta H_{r3}=\Delta H_{r1}-\Delta H_{r2}=-110530\text{J/mol}$$

应当注意，应用赫斯定律求取定压热效应的前提是化学反应都在相同的压力下进行，且反应前后的状态都相同。

2.3 化学平衡

2.3.1 多组分体系的化学势

（1）化学势与化学势判据

某一均相封闭体系中组分 i 的化学势 μ_i 是一状态函数，它取决于体系的温度、压力和组成。在恒温恒压其他组分不改变的条件下，改变组分 i 的 dn_i 所引起体系吉布斯自由能的变化率称为该组分 i 的化学势，它表示组分 i 化学反应能力的大小。化学势或表示为在恒温、恒压、恒定组成的无限大量的体系中，改变 1mol 组分 i 所引起体系吉布斯自由能的变化。因此，混合物中组分 i 的偏摩尔吉布斯函数 G_i 定义为 i 的化学势，并用符号 μ_i 表示

$$\mu_i \stackrel{\text{def}}{=\!=} G_i=\left(\frac{\partial G}{n_i}\right)_{T,p,n_j}$$

对于纯物质，其化学势就等于它的摩尔吉布斯函数。

对于单相多组分系统，将混合物的吉布斯函数 G 表示成 T、p 及构成此混合物各组分的物质的量的函数，根据 Gibbs-Duhem 方程可得

$$dG=\left(\frac{\partial G}{\partial T}\right)_{p,n_i}dT+\left(\frac{\partial G}{\partial p}\right)_{T,n_i}dp+\sum_i\left(\frac{\partial G}{\partial n_i}\right)_{T,p,n_j}dn_i \tag{2-46}$$

化学势是最重要的热力学函数之一，由于 G 对 T 和 p 的偏导数是在系统组成不变的条件下进行的，因此

$$dG=-SdT+Vdp+\sum_i\mu_i dn_i \tag{2-47}$$

这就是单相系统的热力学基本方程，其使用条件为处于热平衡、力平衡及只做体积功的

情况。

对于多相多组分系统，各相的 G 的总和就是整个多相体系的 G，由于系统处于热平衡和力平衡，所以系统中各相的温度与压力相同，因此

$$\mathrm{d}G = -S\mathrm{d}T + V\mathrm{d}p + \sum_{\alpha}\sum_{i}\mu_i(\alpha)\mathrm{d}n_i(\alpha) \tag{2-48}$$

该式适用于多组分多相系统发生 pVT 变化、相变以及化学变化过程。

对于一个封闭系统，在没有体积功的情况下，无论在恒温、恒容或者恒温、恒压的条件下，当系统达到平衡时

$$\sum_{\alpha}\sum_{i}\mu_i(\alpha)\mathrm{d}n_i(\alpha) = 0 \tag{2-49}$$

该式即为一个系统是否达到平衡的判据，即化学势判据（系统物质平衡条件），它与系统达到平衡的方式无关。但是，系统的热力学函数在平衡时的极值性质却与系统达到平衡的方式有关。

（2）气体组分的化学势

纯真实气体 i 的化学势表达式为

$$\mathrm{d}\mu_i^* = RT\mathrm{d}\ln f \tag{2-50}$$

式中，f 为逸度，其量纲与压力相同，单位为 Pa。理想气体的逸度 f 与其压力 p 有正比例关系，当 f/p=1 时，理想气体的逸度即为其压力。对于真实气体来说，其逸度与压力的比值，称为逸度因子

$$f = \varphi p \tag{2-51}$$

它是真实气体与理想气体偏差的量度。其中，φ 的量纲为 1。不仅与气体的温度和压力有关，而且还与气体本身的性质有关。真实气体的化学势的表达式为

$$\mu_i^*(\mathrm{g}) = \mu_i^{\ominus}(\mathrm{g}) + RT\ln\frac{f}{p^{\ominus}} \tag{2-52}$$

式中，$p^{\ominus}=10^5\mathrm{Pa}$，为标准大气压；$\mu_i^{\ominus}(\mathrm{g})$ 是逸度为 10^5Pa 时纯真实气体 i 的化学势，即纯真实气体的标准化学势。

而对于真实混合气体，每一组分气体的行为与其单独存在并占有与混合气体相同体积时的行为相同，因此，根据式（2-50）可知，真实混合气体中组分 i 的逸度在恒温恒组成下的微分关系式为

$$\mathrm{d}\mu_i = RT\mathrm{d}\ln f_i \tag{2-53}$$

将上式积分得

$$\mu_i(\mathrm{g}) = \mu_i^{\ominus}(\mathrm{g}) + RT\ln\frac{f_i}{p^{\ominus}} \tag{2-54}$$

式中，$\mu_i^{\ominus}(\mathrm{g})$ 是在一定温度，逸度为 10^5Pa 时混合真实气体组分 i 的纯真实气体的标准化学势。

（3）溶液组分的化学势

对于理想溶液，混合物任一组分 i 的化学势为

$$\mu_i(\mathrm{l}) = \mu_i^{\ominus}(\mathrm{l}) + RT\ln x_i \tag{2-55}$$

式中，$\mu_i^{\ominus}(\mathrm{l})$为混合物中组分 i 在温度 T 以及标准压力下的标准化学势；x_i为组分 i 在溶液中的摩尔分数。

由于真实溶液中各组分的分子体积不同，同组分分子间的作用力与不同组分分子间的作用力不一样，因此它们表现出与理想溶液性质的差别。在宏观上则表现为形成非理想溶液，混合时往往伴随着放热或吸热现象，且体积也有变化。真实液体混合物的任意组分均不遵守拉乌尔定律，溶液的溶剂不遵守拉乌尔定律，溶质也不遵守亨利定律。

为使真实溶液组分 i 的化学势能够以式（2-55）的形式表示，路易斯提出使用活度来校正真实溶液的浓度，以 $a_i = \gamma_i x_i$ 代替 x_i，即得到真实溶液组分 i 的化学势表达式

$$\mu_i(\mathrm{l}) = \mu_i^{\ominus}(\mathrm{l}) + RT\ln a_i = \mu_i^{\ominus}(\mathrm{l}) + RT\ln \gamma_i x_i \tag{2-56}$$

式中，a_i是组分 i 的活度，相当于“有效摩尔分数”。

2.3.2 化学反应的平衡条件

在化学反应进行到一定程度后，反应物与生成物的浓度不再变化，反应达到平衡。反应达到平衡时系统所处的状态称为化学平衡状态。如果发生反应的条件不变，系统的化学平衡又是稳定的，则这一平衡状态不随时间变化。

对于任意化学反应，随着反应的进行，各组分物质的量均发生变化，系统的吉布斯函数也会随之变化，在恒温、恒压并无体积功时

$$\mathrm{d}G = \sum_i \mu_i \mathrm{d}n_i \tag{2-57}$$

式中，$\sum_i$代表对各相中反应物及产物求和。将反应进度 $\mathrm{d}\xi = \mathrm{d}n_i / \nu_i$ 代入上式，两侧同时除以 $\mathrm{d}\xi$，得

$$\left(\frac{\partial G}{\partial \xi}\right)_{T,p} = \sum_i \nu_i \mu_i = \Delta_\mathrm{r} G_\mathrm{m} \tag{2-58}$$

式中，$\left(\frac{\partial G}{\partial \xi}\right)_{T,p}$ 表示在一定温度、压力和组成的条件下，反应进行了 $\mathrm{d}\xi$ 的微量进度折合成 1mol 进度时所引起系统吉布斯函数的变化，也可以说是在反应系统无限大时进行了 1mol 进度化学反应所引起系统吉布斯函数的改变，简称为摩尔反应吉布斯函数，通常以 $\Delta_\mathrm{r} G_\mathrm{m}$ 表示。

恒温恒压条件下的吉布斯函数判据可有：

若 $\Delta_\mathrm{r} G_\mathrm{m} < 0$，即 $\left(\frac{\partial G}{\partial \xi}\right)_{T,p} < 0$，反应将向正向反应进行，反应物自发生成产物；

若 $\Delta_\mathrm{r} G_\mathrm{m} > 0$，即 $\left(\frac{\partial G}{\partial \xi}\right)_{T,p} > 0$，正向反应不能自发，但逆反应可自发进行；

若 $\Delta_\mathrm{r} G_\mathrm{m} = 0$，即 $\left(\frac{\partial G}{\partial \xi}\right)_{T,p} = 0$，反应达到平衡，这就是化学反应的平衡条件。

值得注意的是，式（2-58）中 $\Delta_\mathrm{r} G_\mathrm{m} = \sum_i \nu_i \mu_i$，若 μ_i 不随浓度而改变，即不随反应进度而

变化，则 $\sum_i \nu_i \mu_i$ 恒等于一个常数，那么 $\Delta_r G_m$ 也将不随反应进度而改变。如果一个反应开始时的 $\Delta_r G_m < 0$，那么在反应进行中，$\Delta_r G_m$ 将始终小于 0，反应将一直进行到底，不存在化学平衡。

2.3.3 化学反应平衡常数

对于恒温、恒压下的理想气体化学反应，其中任一反应组分的化学势为

$$\mu_i = \mu_i^{\ominus} + RT\ln \frac{p_i}{p^{\ominus}}$$

代入式（2-58），可得

$$\Delta_r G_m = \sum_i \nu_i \mu_i = \sum_i \nu_i \mu_i^{\ominus} + \sum_i \nu_i RT\ln \frac{p_i}{p^{\ominus}} \tag{2-59}$$

式中，$\sum_i \nu_i \mu_i^{\ominus}$ 为各反应组分均处于标准态时每摩尔反应进度的吉布斯函数变化，以 $\Delta_r G_m^{\ominus}$ 表示，称为标准摩尔反应吉布斯函数。$\Delta_r G_m^{\ominus}$ 只是温度的函数，可通过热力学基础数据计算得到。上式后一项的加和可用乘积形式表示

$$\sum_i \nu_i RT\ln \frac{p_i}{p^{\ominus}} = RT\prod_i \ln \left(\frac{p_i}{p^{\ominus}}\right)^{\nu_i} \tag{2-60}$$

随着反应的进行，反应系统中各组分气体分压将不断变化，使得反应的 $\Delta_r G_m$ 也不断变化。对于确定的反应，当温度确定后，$\Delta_r G_m^{\ominus}$ 为确定值，与系统的压力和组成无关。因此

$$K^{\ominus} = \prod_i \left(\frac{p_i^{eq}}{p^{\ominus}}\right)^{\nu_i} \tag{2-61}$$

式中，$K^{\ominus}$ 为标准平衡常数，无量纲。

进一步推导可得标准平衡常数的定义式为

$$\Delta_r G_m^{\ominus} = -RT\ln K^{\ominus} \quad 或 \quad K^{\ominus} = \exp\left[-\Delta_r G_m^{\ominus} / (RT)\right] \tag{2-62}$$

上式表示了 $K^{\ominus}$ 与 $\Delta_r G_m^{\ominus}$ 之间的关系，是一个普遍的公式，不仅适用于理想气体化学反应，也适用于真实气体、液态混合物及溶液中的化学反应。对于有凝聚相的化学反应，其平衡常数由参加反应的其他物质的分压确定。

为了方便计算，平衡常数也可以用分压、浓度、摩尔分数或物质的量等来表示。

2.4 热分析动力学

热分析动力学是建立在化学热力学、化学动力学和热分析技术基础上的分支学科。它是用化学动力学的知识，研究用热分析方法测定得到的质量、温度、热量、模量和尺寸等物理量的变化速率与温度的关系。本节主要介绍几种热分析动力学求算方法及反应动力学模型，通过求算模型得到反应表观活化能，为后续绝热测试和动力学参数计算提供依据。

2.4.1 动力学模型和反应类型

转化率与过程速率的关系可以用一系列的反应模型$f(\alpha)$来表示。尽管有非常多种类的反应模型，但是最终这些模型都可以简化为三种类型：加速、减速和S形[18]。每一种方法都有各自特有的反应特征或动力学曲线。图2-8为不同反应类型下转化率α与时间t的特性反应曲线。

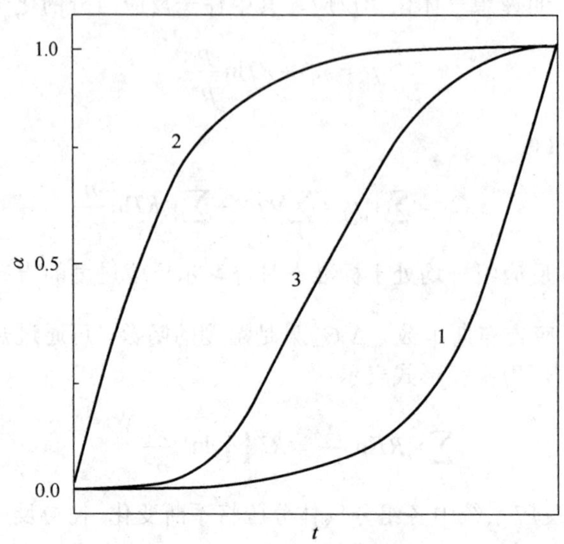

图2-8 α和t的特性曲线

1—加速模型；2—减速模型；3—S形模型

加速模型显示了反应速率随转化率的增加而不断增加，并在反应结束时达到最大值。这种类型的反应模型可以幂定律为例表示如下

$$f(\alpha)=n\alpha^{(n-1)/n} \tag{2-63}$$

式中，n为常数。

减速模型显示了反应速率在开始时就达到最大值，并随着转化率的增加不断降低。这种类型的反应最常见的模型为反应级数模型

$$f(\alpha)=(1-\alpha)^n \tag{2-64}$$

式中，n为反应级数。

扩散模型是一种另类的减速模型。S形模型显示了在开始阶段反应加速，结束阶段反应减速，所以在转化率的中间值附近反应速率达到最大。Avrami-Erofeev 模型即表现为一种典型的S形模型

$$f(\alpha)=n(1-\alpha)\left[-\ln(1-\alpha)\right]^{(n-1)/n} \tag{2-65}$$

可以处理所有这三种类型转化率关系的动力学方法，才能作为推荐的可靠方法。Sestak及Berggren曾经介绍过一种经验模型

$$f(\alpha)=\alpha^m(1-\alpha)^n[-\ln(1-\alpha)]^p \tag{2-66}$$

m、n、p 的不同组合，可以代表不同的反应模型。

2.4.2 动力学求算方法

（1）Friedman 模型

弗里德曼方程可以简单地从单步动力学方程重新排列弗里德曼方法广泛用于无模型动力学分析，它基于阿伦尼乌斯方程。弗里德曼认为 E_a 是转化率（α）的函数，即 $E_a=E_a(\alpha)$。弗里德曼动力学公式如下

$$\ln\frac{d\alpha}{dt}=\ln A(\alpha)-\frac{E_a(\alpha)}{RT(t)} \tag{2-67}$$

式中，$A(\alpha)$是指前因子；$E_a(\alpha)$是不同转化率下的活化能；R 是通用气体常数 8.314J/(mol・K)；$T(t)$是不同时间下的温度。

国际热分析与量热大会推荐的 Flynn–Wall–Ozawa（FWO）方法表明，对于相同转化率的反应，即使升温速率（β）不同，反应函数 $f(\alpha)$的积分形式 $G(\alpha)$的值也是恒定的。动力学方程如下

$$\ln\beta_1+1.0516\frac{E_a}{RT_1}=\ln\beta_2+1.0516\frac{E_a}{RT_2}=\ln\beta_3+1.0516\frac{E_a}{RT_3}=\cdots \tag{2-68}$$

以过氧化苯甲酰为例，采用弗里德曼方法及 FWO 方法进行计算，可得出在不同的转化率下，两种方法所求出的 E_a 及其判定系数。弗里德曼方法为一种等转化率微分法，将过氧化苯甲酰于不同升温速率下进行 DSC 试验，观察温度与反应进程、反应速率之间的关系。对于不同升温速率，在相同转化率下，$f(\alpha)$是定值。根据弗里德曼公式，由 $\ln k$ 对 $1000/T$ 作图，显示温度导数与反应速率对数之间的关系，从斜率可求得该转化率下的活化能 E_a。由图 2-9（a）可以看出，活化能 E_a 随着转化率 α 的变化规律。由于反应在起始与结束时存在不稳定的现象，当转化率小于 0.1 或大于 0.9 时，其活化能及判定系数较不稳定。

FWO 方法为一种等转化率积分法，可以避开反应机理函数，直接求得热分解活化能。相较其他方法，其避免了因反应机理函数的假设不同而可能产生的误差。在一定的转化率下，利用 $\ln\beta$ 对 $1/T$ 作图，可求得直线斜率，由直线斜率可求得相应过氧化苯甲酰的活化能。利用弗里德曼方法及 FWO 方法计算过氧化苯甲酰在不同转化率的活化能，结果如图 2-9 所示。

（2）Kissinger 模型

基辛格法也称最大值法，被列为美国标准测试方法 ASTM E1641-07 和 ASTM E698-05，与工艺温度 T_p 相关。根据 Arrhenius 方程，可以得到以下方程

$$\frac{d\alpha}{dt}=k(T)f(\alpha)=A\exp\left(-\frac{E_a}{RT}\right)f(\alpha) \tag{2-69}$$

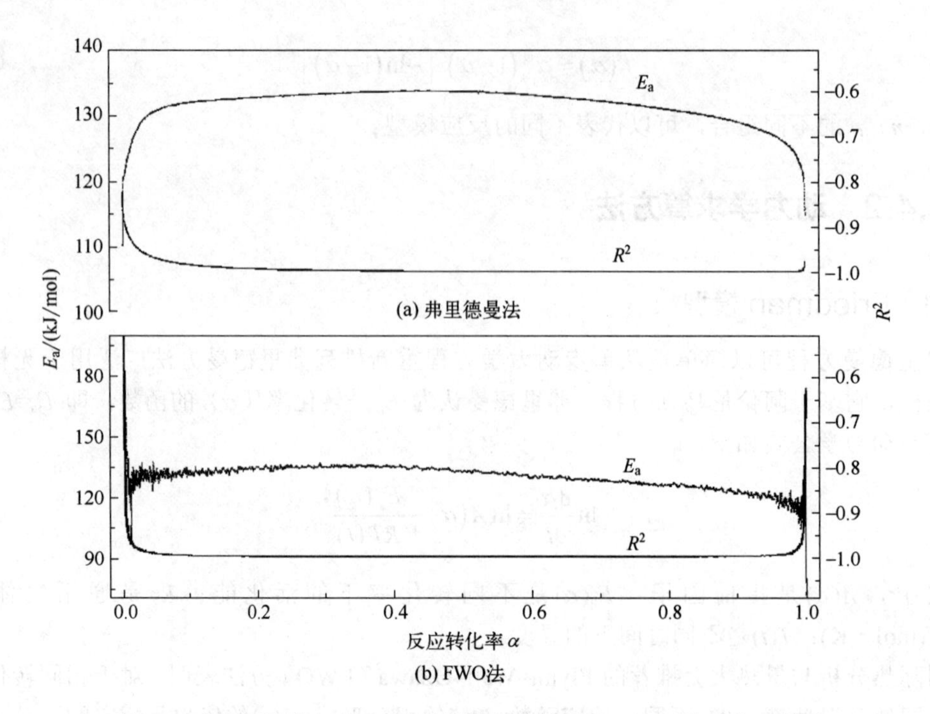

图 2-9　弗里德曼法和 FWO 法计算过氧化苯甲酰 E_a 与反应转化率关系

将式（2-69）两边微分整理后得到

$$\frac{\mathrm{d}}{\mathrm{d}t}\left(\frac{\mathrm{d}\alpha}{\mathrm{d}t}\right)=Af(\alpha)\frac{\mathrm{d}\exp\left(-\frac{E_a}{RT}\right)}{\mathrm{d}t}+A\exp\left(-\frac{E_a}{RT}\right)\frac{\mathrm{d}f(\alpha)}{\mathrm{d}t}=\frac{\mathrm{d}\alpha}{\mathrm{d}t}\left[\frac{E_a\frac{\mathrm{d}T}{\mathrm{d}t}}{RT^2}+Af'(\alpha)\exp\left(-\frac{E_a}{RT}\right)\right]$$

在最大转化率（$T=T_p$）下，$\mathrm{d}^2\alpha/\mathrm{d}t^2=0$。将其代入上式

$$\frac{\mathrm{d}^2\alpha}{\mathrm{d}t^2}=\left[\frac{E_a\beta}{RT_p^2}+Af'(\alpha_m)\exp\left(-\frac{E_a}{RT_p}\right)\right]\left(\frac{\mathrm{d}\alpha}{\mathrm{d}t}\right)_m=0 \tag{2-70}$$

其中 $f'(\alpha)=\mathrm{d}f(\alpha)/\mathrm{d}\alpha$ 和 m 是最大转化率下的值。基辛格假设 $f'(\alpha_m)$与 β（升温速率）无关，并且 $f'(\alpha_m)$约等于 1。通过简单的对数变换，可得方程

$$\ln\frac{\beta}{T_m^2}=\ln\left[-\frac{AR}{E_a}f'(\alpha_m)\right]-\frac{E_a}{RT_m} \tag{2-71}$$

（3）Kissinger-Akahira-Sunose 模型

与弗里德曼动力学模型相比，Kissinger-Akahira-Sunose（KAS）动力学模型使用微分法对 Arrhenius 方程进行评估。Arrhenius 方程表达了 k 和反应温度 T 之间的关系。反应速率可以解释为单位时间转化率的变化，如下列方程式所示

$$\frac{\mathrm{d}\alpha}{\mathrm{d}t}=A\exp\left(-\frac{E_a}{RT}\right)(1-\alpha)^n \tag{2-72}$$

然后，进一步将其整合以获得

$$\frac{\mathrm{d}}{\mathrm{d}t}\left(\frac{\mathrm{d}\alpha}{\mathrm{d}t}\right)=\frac{\mathrm{d}\alpha}{\mathrm{d}t}\left[\frac{E_a\frac{\mathrm{d}T}{\mathrm{d}t}}{RT^2}-An(1-\alpha)^{n-1}\exp\left(-\frac{E_a}{RT}\right)\right] \tag{2-73}$$

其中 A 和 E_a 依赖于 T，而 E_a 和 A 独立于 α。因此，上述方程可以进一步整合到下列方程式中。

$$\frac{E_a\beta}{RT^2} = A\exp\left(-\frac{E_a}{RT}\right) \tag{2-74}$$

$$\ln\frac{\beta}{T^2} = \ln\frac{A}{E_aG(\alpha)} - \frac{E_a}{RT} \tag{2-75}$$

此外，Vyazovkin 提出了一种无模型动力学积分方法，它是α的温度函数，如式（2-76）所示。

$$-\ln t_{\alpha,i} = \ln\frac{A}{G(\alpha)} - \frac{E_a}{RT_i} \tag{2-76}$$

其中 $t_{\alpha,i}$ 是达到各种转化率所需的时间。下面以 KAS 及 Vyazovkin 方法对 *O,O*-二甲基硫代氨基磷酸酯（*O,O*-dimethyl phosphoramidothioate，DMPAT）的热反应行为做拟合计算为例。

KAS 方法为一种等转化率微分法，该方法取不同升温速率的 DSC 放热曲线中转化率所对应温度作为主要的求解基础数据，应用非常广泛。采用 KAS 方法对不同升温速率下 DMPAT 的 DSC 曲线进行处理，以 $\ln(\beta/T^2)$对 $1/T$ 作图；Vyazovkin 方法则以 $\ln t_{\alpha,i}$ 对 $1/T$ 作图，根据斜率求得活化能（图 2-10、图 2-11）。

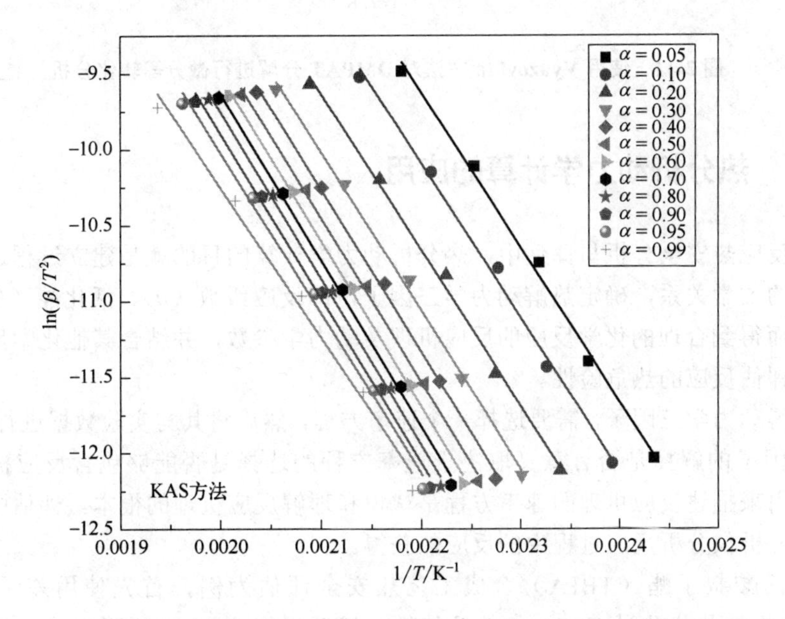

图 2-10 使用 KAS 方法对 DMPAT 分解进行微分等转化分析

（4）Starink 模型

为了获得最佳的热动力学参数，采用 Starink 动力学模型对方程式中的 KAS 方程进行微调

$$\ln\frac{\beta}{T^i} = C_s - C\left(\frac{E_a}{RT}\right) \tag{2-77}$$

其中 i 和 C 是使用特定类型的积分温度近似获得的值。C_s 是一个常数。根据 Starink 动力学模型，当 i=1.8 和 C=1.0037 时，可以实现更精确的 E_a 计算。因此方程式（2-77）可以改写为

$$\ln\frac{\beta}{T^{1.8}}=C_s-1.0037\left(\frac{E_a}{RT}\right) \tag{2-78}$$

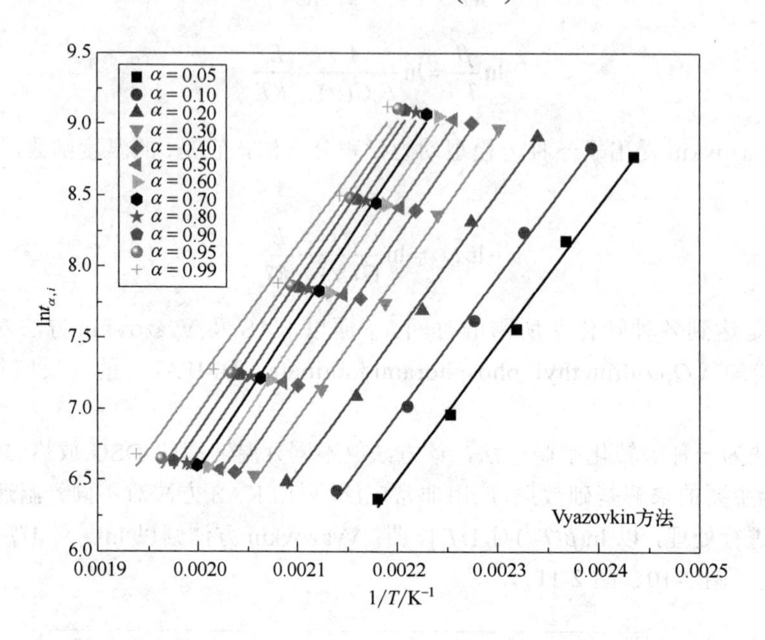

图 2-11　使用 Vyazovkin 方法对 DMPAT 分解进行微分等转化分析

2.4.3　热分析动力学计算的应用

在化学反应热安全分析与评估中，热分析动力学计算的目的就是建立过程速率、转化率和温度之间的数学关系，确定热解动力学三因子，即反应级数（n）、活化能（E_a）和指前因子（A），从而得到合理的化学反应的反应机理及动力学参数，并结合其他化学反应热危险特性，进一步评估反应的热危险性。

为了获得动力学三因子，需要选择一个速率方程，然后将其与实验数据进行拟合。因此，对动力学三因子的解释是否有意义取决于速率方程的选择是否能够包含反应机理的基本特征。合理的用来描述反应机理的速率方程是认识和理解反应机理的根本。评估中的实验数据主要通过热分析仪分析反应过程中的反应热获得。

以过氧乙酸叔丁酯（TBPA）合成工艺热安全评估为例，首先使用差示扫描量热仪（DSC）和绝热量热仪测试 TBPA 的热解特性。然后根据 DSC 中断回扫法，判断反应是否遵循 n 级反应动力学模型，选择合理的动力学模型。通过 DSC 动态升温实验，获得非等温条件下 TBPA 的热解反应参数。基于动力学求算模型，计算该反应的表观活化能。通过绝热实验获得绝热条件下 TBPA 热解特性参数，根据 n 级反应动力学模型，计算 TBPA 热解动力学参数，即反应级数、活化能和指前因子。基于得到的动力学参数，能够进行下一步的热安全分析与评估。

思考题

1. 一级反应的动力学特征分别是什么？

2. 热解动力学三因子是什么，分别代表什么？

3. 乙醛蒸气的热分解反应为 $CH_3CHO(g) \longrightarrow CH_4(g) + CO(g)$。518℃下在一恒容容器中的压力变化有如下两组数据：

纯乙醛的初压 p_{A0}/kPa	100s 后系统总压 p/kPa
53.329	66.661
26.664	30.531

（1）求反应级数 n，速率常数 k；

（2）若活化能为 190.4kJ/mol，问在什么温度下其速率常数为 518℃下的 2 倍？

4. 在 80%的乙醇溶液中，1-氯-1-甲基环庚烷的水解为一级反应。测得不同温度 T 下的 k 列于下表，求活化能 E_a 和指前因子 A。

T/℃	0	25	35	45
k/s^{-1}	1.06×10^{-5}	3.19×10^{-4}	9.86×10^{-4}	2.92×10^{-3}

第3章

化学反应热安全基础

研究化学反应的热安全，必须充分理解热平衡的重要性，热平衡相关知识也是解析实验室规模量热实验结果的基础。本章 3.1 节介绍化学反应热平衡影响因素和热平衡方程若反应器冷却系统的冷却能力低于反应的热生成速率，反应体系的温度将升高；温度越高，反应速率越大，这反过来又使热生成速率进一步加大。因为反应放热随温度呈指数增加，而反应器的冷却能力只是随着温度升高线性增加，于是冷却能力不足，温度进一步升高，反应失控。一旦体系温度满足热自燃、热爆炸的引发或点火条件，就会导致热爆炸。本章 3.2 节和 3.3 节介绍化学反应热安全表征参数和反应热失控风险评估。

3.1 化学反应热平衡

3.1.1 化学反应热平衡影响因素

（1）放热速率（热生成）

放热速率（热生成）对应于反应的反应速率（r_A），与摩尔反应焓成正比

$$q_{rx}=(-r_A)V(-\Delta H_r) \tag{3-1}$$

式中，q_{rx} 为放热速率，kJ/min；r_A 为反应速率，mol/(L·min)；V 为容器体积，m^3；ΔH_r 为摩尔反应焓，J/mol。

对反应器安全来说，放热速率非常重要，因为控制反应放热是反应器安全的关键。对于简单的 n 级反应来说，反应速率可以表示为

$$-r_A = Ae^{\frac{-E_a}{RT}} c_{A0}^n(1-\alpha_A)^n \tag{3-2}$$

式中，A 为频率因子，也称指前因子；E_a 为反应的活化能，J/mol；R 为气体常数，取 8.314J/(mol·K)；α_A 为反应转化率；n 为反应级数。

放热速率是转化率的函数，因此，在非连续反应器或储存过程中，放热速率随时间发生变化。放热速率为

$$q_{rx} = Ae^{\frac{-E_a}{RT}} c_{A0}^n (1-\alpha_A)^n V(-\Delta H_r) \tag{3-3}$$

从这个表达式可以看出：

① 反应的放热速率是温度的指数函数；

② 放热速率与体积成正比，随反应物料容器线尺寸的立方值（L^3）而变化。

就安全问题而言，上述两点是非常重要的[5,18]。

（2）热交换速率（热移出）

反应介质和载热体之间的热交换存在几种可能的途径：热辐射、热传导、热对流。这里只考虑热对流，通过强制对流，载热体通过反应器壁面的热交换速率 q_{ex} 与传热面积及传热驱动力成正比，这里的驱动力就是反应介质与载热体之间的温差。

$$q_{ex}=US(T_c-T_r) \tag{3-4}$$

式中，U 是综合传热系数，kJ/(m^2·K·min)；S 是传热面积，m^2；T_r 为反应温度，K；T_c 为冷却系统（介质）的温度，K。

需要注意的是，如果反应混合物的物理化学性质发生显著变化，综合传热系数 U 也将发生变化，成为时间的函数。热移出通常是温度的函数，反应物的黏度变化起着主导作用。就安全问题而言，这里必须考虑两个方面：

① 热移出是温度或温度差的线性函数。

② 由于热移出速率与传热面积成正比，因此它正比于设备线尺寸的平方值（L^2）。这意味着当反应器尺寸必须改变时，如工艺放大，热移出速率的增加远不及热生成速率。因此，对于较大的反应器来说，热平衡问题是比较严重的。假定圆柱形搅拌釜式反应器的高度与直径比大约为 1∶1，表 3-1 给出了典型搅拌釜式反应器的尺寸参数[5]。尽管不同几何结构的容器，其传热面积可以在有限的范围内变化，但对于搅拌釜式反应器而言，这个范围比较小。

表 3-1　不同反应器的热交换比表面积

规模	反应器体积/m^3	传热面积/m^2	比表面积/m^{-1}
研究实验	0.0001	0.01	100
实验室规模	0.001	0.03	30
中试规模	0.1	1	10
生产规模（≥1m^3）	1	3	3
生产规模（≥10m^3）	10	13.5	1.35

因此，从实验室规模按比例放大到生产规模时，反应器的冷却能力大约相差 2 个数量级，在实验室规模中没有发现热效应，并不意味着在更大规模的情况下反应是安全的。实验室规模情况下，冷却能力可高达 450W/kg，而生产规模时大约只有 20～45W/kg（表 3-2）[5]。这也意味着反应热只能通过量热设备测试获得，而不能仅仅根据反应介质和冷却介质的温差来推算得到。

表 3-2 不同规模反应器典型的冷却能力

规模	反应器体积/m^3	比冷却能力/[W/(kg・K)]	典型冷却能力/(W/kg)
研究实验	0.0001	30	1500
实验室规模	0.001	9	450
中试规模	0.1	3	150
生产规模（≥$1m^3$）	1	0.9	45
生产规模（≥$10m^3$）	10	0.4	20

（3）热累积速率

热累积速率 q_{ac} 体现了体系能量随温度的变化。

$$q_{ac}=\frac{d\sum_i(m_ic_{p,i}T_i)}{dt}=\sum_i\left(\frac{dm_i}{dt}c_{p,i}T_i\right)+\sum_i\left(m_ic_{p,i}\frac{dT_i}{dt}\right) \tag{3-5}$$

式中，q_{ac} 为热累积速率，kJ/min；m_i 为 i 组分的质量，kg；$c_{p,i}$ 为 i 组分的比热容，kJ/(kg・K)；T_i 为 i 组分的温度，K；t 为时间，min。

计算总的热累积时，要考虑到体系的每一个组成部分，既要考虑反应物料，也要考虑设备。因此，反应器或容器与反应体系直接接触部分的比热容是必须要考虑的。对于非连续反应器，热累积可以用如下考虑质量或容积的表达式来表述

$$q_{ac}=m_rc_p\frac{dT_r}{dt}=\rho Vc_p\frac{dT_r}{dt} \tag{3-6}$$

式中，m_r 为设备的质量，kg；c_p 为设备的比热容，J/(kg・K)；T_r 为反应温度，K。

由于热累积源于产热速率和移热速率的不同，即前者大于后者，导致反应器内物料温度发生变化。因此，如果移热速率不能准确平衡反应的产热速率，温度将发生如下变化

$$\frac{dT_r}{dt}=\frac{q_{rx}-q_{ex}}{\sum_i m_ic_{p,i}} \tag{3-7}$$

式（3-5）和式（3-7）中，i 代表反应体系的第 i 个组分。实际过程中，相比于反应物料的热容，搅拌釜式反应器的热容常可以忽略，为了简化表达式，设备的热容忽略不计。下面用一个例子来说明这样处理的合理性：对于一个 $10m^3$ 的反应器，反应物料的热容大约为 20000kJ/K，而与反应介质接触的金属质量大约为 400kg，其热容大约为 200kJ/K，即大约为总热容的 1%。另外，这种误差会导致更保守的评估结果，这对安全评估而言是有利的。然而，对于某些特定的应用场合，容器的热容是必须要考虑的，如连续反应器，尤其是管式反应器，可以增大反应器本身的热容，从而增大总热容，实现反应器的安全。

（4）物料流动引起的对流热交换

在连续体系中，加料时原料的入口温度并不总是和反应器出口温度相同，环境初始温度（T_0）和出料温度（T_f）之间的温差导致物料间的对流热交换。热交换速率（q_h）与比热容（c_p）、体积流率（υ）成正比

$$q_h=\rho\upsilon c_p\Delta T=\rho\upsilon c_p(T_f-T_0) \tag{3-8}$$

式中，ρ 为物料密度，kg/m^3。

（5）加料引起的显热

如果加入反应器的物料的入口温度（T_{fd}）与反应温度（T_r）不同，那么进料的热效应必须在热平衡的计算时予以考虑，这个效应被称为“显热效应”。

$$q_{fd}=m_{fd}c_{pfd}(T_{fd}-T_r)/t \tag{3-9}$$

式中，q_{fd} 为加料引起的显热，kJ/min；m_{fd} 为进料质量，kg；c_{pfd} 为进料比热容，kJ/(kg·K)；t 为时间，min。

此效应在半间歇反应器中尤其重要。如果反应器和原料之间温差大，或加料速率很大，加料引起的显热可能起主导作用，显热明显有助于反应器冷却。在这种情况下，一旦停止进料，可能导致反应器内温度突然升高。这一点对量热测试也很重要，必须进行适当的修正。

（6）搅拌装置搅拌产生的机械能耗散（搅拌引入的热流速率）

搅拌装置搅拌产生的机械能耗散变成黏性摩擦能，最终转变为热能。大多数情况下，相对于化学反应释放的热量，这部分可忽略不计。然而，对于黏性较大的反应物料，如聚合反应物料，这部分必须在热平衡中考虑。当反应物料存放在一个带搅拌的容器中时，搅拌器的能耗可能很重要。可以由式（3-10）估算

$$q_s = N_e \rho n^3 d_s^5 \tag{3-10}$$

式中，q_s 为搅拌引入的热流速率，kJ/min；N_e 为搅拌器的功率数，也称为牛顿数或湍流数，不同形状搅拌器的功率数不一样；n 为搅拌器的转速，r/min；d_s 为搅拌器的叶尖直径，m。表 3-3 列举了一些常用搅拌器功率数。

表 3-3　一些常用搅拌器功率数

搅拌器类型	功率数 N_e	流动类型
桨式搅拌器	0.35	轴向流动
推进式搅拌器	0.20	容器底部的径向及轴向流动
锚式搅拌器	0.35	近壁面的切线流动
圆盘式搅拌器	4.6	强烈剪切效应的径向流动
斜叶桨涡轮搅拌器	0.6～2.0	轴向流动但具有强烈径向流动
Mig 式搅拌器	0.55	轴向、径向和切向的复合流动
Intermig 式搅拌器	0.65	带径向的复合流动，且在壁面处局部有强烈的湍流

（7）热散失速率

出于安全防护原因和经济原因，工业反应器都是隔热的。安全防护原因如考虑设备热表面可能引起人体的烫伤，经济原因如考虑设备的热散失。然而，在温度较高时，热散失可能变得比较重要。热散失的计算比较繁琐，因为热散失通常要考虑辐射热散失和自然对流热散失。工程上，为了简化，热散失速率（q_{loss}）可利用总的热散失系数 D_k 来简化估算：

$$q_{loss} = 0.06 D_k S(T_{amb} - T_r) \tag{3-11}$$

式中，q_{loss}为热散失速率，kJ/min；D_k为热散失系数，W/(m^2·K)；S为设备热散失面积，m^2；T_{amb}为环境温度，K；T_r为反应温度，K。

表 3-4 中列出了一些热散失系数D_k的数值，并列出了实验室设备的热散失系数。可见，工业反应器和实验室设备的热散失系数可能相差 2 个数量级。这就解释了为什么放热化学反应在小规模实验室设备的热效应不显著，而在大规模设备中却可能变得很危险。1L 的玻璃杜瓦瓶具有的热散失与 10m^3 工业反应器相当。

表 3-4　工业容器和实验室设备的典型热散失系数

容器容量	热散失系数/[W/(m^2·K)]
2.5m^3 反应器	0.054
5m^3 反应器	0.027
12.7m^3 反应器	0.020
25m^3 反应器	0.005
10mL 试管	5.91
100mL 玻璃烧杯	3.68
DSC-DTA	0.5～5
1L 杜瓦瓶	0.018

3.1.2　化学反应热平衡方程

如果考虑上述所有因素，可建立如下的热平衡方程

$$q_{ac} = q_{rx} + q_{ex} + q_h + q_{fd} + q_s + q_{loss} \tag{3-12}$$

在大多数情况下，式（3-12）右边前两项热平衡表达式对于安全问题来说已经足够。忽略搅拌器带来的热输入和热散失等因素，则间歇反应器热平衡可简化为

$$\rho V c_p \frac{dT_r}{dt} = (-r_A)V(-\Delta H_r) - US(T_r - T_c) \tag{3-13}$$

对于一个n级反应，着重考虑温度随时间的变化，于是

$$\frac{dT_r}{dt} = \Delta T_{ad} \frac{-r_A}{c_{A0}^{n-1}} - \frac{US(T_r - T_c)}{\rho V c_p} \tag{3-14}$$

式中，$\frac{US}{\rho V c_p}$项是反应器热时间常数的倒数。利用该常数可以方便地估算出反应器从室温升温到工艺温度的时间，即加热时间，以及从工艺温度降温到室温的时间，即冷却时间。

综上所述，常见的热生成与热移出平衡如图 3-1 所示，图 3-1 为浓度 50%（质量分数）过氧化二（2,4-二氯苯甲酰）的热平衡表现。其中，q_{ac}为热累积速率；q_{ex1}、q_{ex2}、q_{ex3}为热移出速率；$T_{C,I}$为临界着火温度；$T_{C,E}$为临界灭火温度；$T_{S,E}$为灭火稳定温度；$T_{S,I}$为着火温度；$T_{S,L}$为低温稳定点；$T_{S,H}$为高温稳定点。

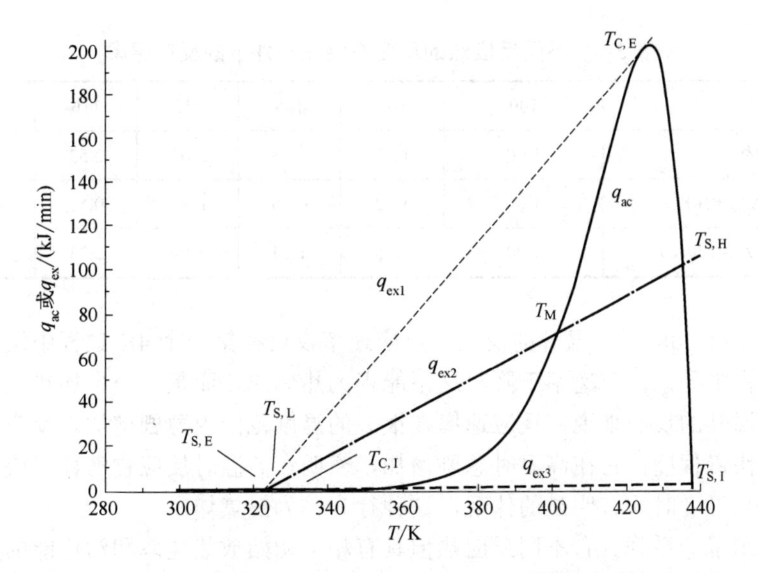

图 3-1 浓度 50%（质量分数）过氧化二（2,4-二氯苯甲酰）的热平衡表现

3.2 化学反应热安全表征参数

失控反应也称反应失控，发生热失控的化学反应称为失控化学反应。化工过程热失控是指放热化学反应系统因热平衡被打破而使温度升高，形成“放热反应加速-温度升高-反应再加速-温度再升高……”恶性循环，以致反应物、产物分解，生成大量气体或蒸气，压力急剧升高，超过了反应器或工艺容器相关压力极限后，发生喷料，反应器或工艺容器损坏，甚至燃烧、爆炸的现象。化工过程热失控所指的放热化学反应系统既可以是合成化学反应，也可以是物料分解反应。在合成反应过程中，所谓的“飞温”现象即源于反应失控。

3.2.1 绝热条件化学反应特征

绝热条件下进行放热反应，导致温度升高，速率常数和反应速率指数性增加，而反应物的消耗使反应减慢。这两个相反变化因素作用的综合结果取决于两个因素的相对重要性。

假定绝热条件下进行的是一级反应，速率随温度的变化如下

$$-r_A = Ae^{\frac{-E_a}{RT}}c_{A0}(1-\alpha_A) \tag{3-15}$$

式中，r_A为反应速率；A 为指前因子；E_a为反应的活化能，J/mol；R 为气体常数，取8.314J/(mol·K)；α_A为反应转化率。

绝热条件下温度和转化率呈线性关系。反应热不同，一定转化率导致的温升有可能支配平衡，也有可能无法支配平衡。为了说明这点，分别计算两个反应的速率与温度的函数关系：第一个反应是弱放热反应，绝热温升只有 20K，而第二个反应是强放热反应，绝热温升为200K，结果列于表 3-5 中。

表 3-5 不同反应热的反应在绝热条件下的反应速率

温度/K	100	104	108	112	116	120	200
速率常数/s^{-1}	1.00	1.27	1.61	2.02	2.53	3.15	118
反应速率（ΔT_{ad}=20K）	1.00	1.02	0.96	0.81	0.51	0.00	—
反应速率（ΔT_{ad}=200K）	1.00	1.25	1.54	1.90	2.33	2.84	59

对于第一个有 20K 绝热温升的反应，反应速率仅仅在第一个 4K 过程中缓慢增加，随后反应物的消耗占主导，反应速率下降，这不能视为热爆炸，而是一个自加热现象。对于第二个 200K 绝热温升的反应来说，反应速率在很大的温度范围内急剧增加。反应速率表征了化学反应发生的快慢程度，它在高温时急剧增加，表明在高温时反应物消耗很快，即反应物的消耗仅仅在较高温度时才有明显的体现，这种行为称为热爆炸。

图 3-2 显示了一系列具有不同反应热但具有相同初始放热速率和活化能的反应在绝热条件下的温度变化。对于较低反应热的情形，即 ΔT_{ad}<200K，反应物的消耗导致温度-时间曲线呈 S 形，这样的曲线并不体现热爆炸的特性，而只是体现了自加热的特征。很多低转化率放热反应不存在这种效应，意味着反应物的消耗实际上对反应速率没有影响。事实上，只有在高转化率情形时才出现速率降低。对于总反应热高的反应，即绝热温升高于 200K，大约 5%的转化率就可导致 10K 的温升或者更多。因此，由温升导致的反应加速远远大于反应物消耗带来的影响，这相当于认为反应是零级反应。基于这样的原因，从热爆炸的角度出发，常常将反应级数简化成零级。这也代表了一个保守的近似，零级反应比具有较高级数的反应有更短的热爆炸形成时间或诱导期。

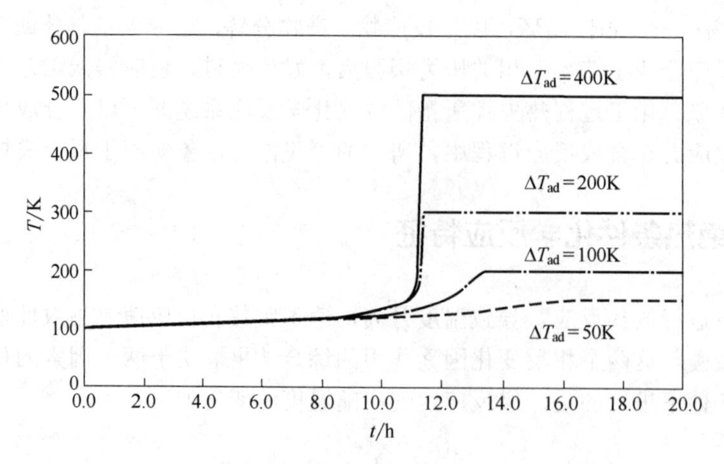

图 3-2 不同反应热的反应绝热温度与时间的函数关系

3.2.2 简化热平衡对应的热温图

考虑一个涉及零级动力学，即强放热反应的简化热平衡。反应放热速率 $q_{rx}=f(T)$ 随温度呈指数关系变化。热平衡的第二项，用 Newton 冷却定律式（3-4）表示，通过冷却系统的热交换速率 $q_{ex}=g(T)$ 随温度呈线性变化，直线的斜率为 US，与横坐标的交点是冷却系统（介质）

的温度，与环境初始温度 T_0 相等。热平衡可通过 Semenov 热温图体现出来。热平衡是指产热速率等于移热速率，即 q_{rx} 与 q_{ex} 数值相等的平衡状态，这发生在 Semenov 热温图中指数产热速率曲线 q_{rx} 和线性移热速率曲线 q_{ex} 的两个交点上，较低温度下的交点（S）是一个温度平衡点。

反应的产热速率和冷却系统移热速率的交点 S 和 I 代表平衡点。交点 S 是一个稳定工作点；I 代表一个不稳定的工作点；C 点对应于临界热平衡。当温度由 S 点向高温移动时，热移出占主导地位，温度降低直到产热速率等于移热速率，系统恢复到其稳态平衡。反之，温度由 S 点向低温移动时，热生成占主导地位，温度升高直到再次达到稳态平衡。因此，这个较低温度处的 S 交点对应于一个稳定的工作点。对较高温度处的交点 I 作同样的分析，发现系统变得不稳定，从这点向低温方向的一个小偏差导致冷却占主导地位，温度降低直到再次到达 S 点，而从这点向高温方向的一个小偏差导致产生过量热，因此形成失控条件。

移热速率曲线 q_{ex1}（实线）和温度轴的交点代表环境初始温度。因此，当环境初始温度较高时，相当于移热速率曲线向右平移（图 3-3 中虚线，q_{ex2}）。两个交点相互逼近直到它们重合为一点。这个点对应于切点，是一个不稳定工作点，相应的环境初始温度称为临界温度（$T_{c,cr}$），相应的反应体系的温度为不可逆温度（T_{NR}）。当环境初始温度大于 $T_{c,cr}$ 时，移热速率曲线 q_{ex3}（点划线）与产热曲线 q_{rx} 没有交点，意味着热平衡方程无解，失控难以避免。

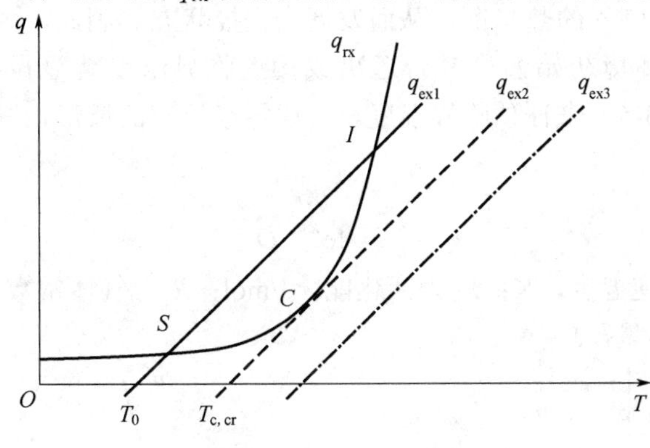

图 3-3　Semenov 热温图

3.2.3　临界温度化学反应的敏感性

若反应器在临界温度运行，温度的一个无限小增量也会导致失控状态，这就是所谓的参数敏感性，即操作参数的一个小的变化导致状态由受控变为失控。此外，除了环境初始温度改变会产生这种情形外，传热系数的变化也会产生类似的效应。由于移热曲线的斜率等于 US，综合传热系数 U 的减小会导致 q_{ex} 斜率的降低，从 q_{ex1} 变化到 q_{ex2}，从而形成临界状态，如图 3-4 中点 C，这可能在热交换系统存在污垢、反应器内壁结垢或固体物沉淀的情况下发生。在传热面积 S 发生变化如放大时，也可以产生同样的效应。即使在操作参数如 U、S 和 T_0 发生很小变化时，也有可能产生由稳定状态到不稳定状态的“切换”。其后果就是反应器稳定性对这些参数具有较高的潜在敏感性，实际操作时反应器很难控制。因此，化学反应器的稳定性评估需要了解反应器的热平衡知识，从这个角度来说，临界温度的概念也很有用。

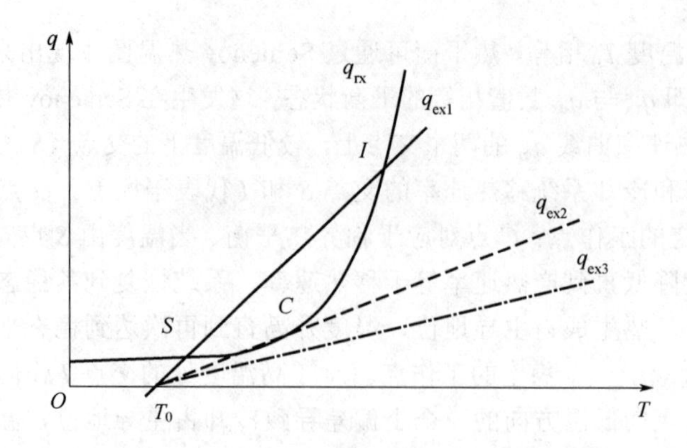

图 3-4　Semenov 热温图：反应器传热参数 *US* 发生变化的情形

3.2.4　化学反应的临界温差

正如上文所述，如果反应器运行时的环境初始温度接近其临界温度，环境初始温度的微小变化就有可能导致过临界的热平衡，从而发展为失控状态。因此，为了评估操作条件的稳定性，反应器运行时环境初始温度是否远离或接近临界温度就显得很重要了。可以利用 Semenov 热温图（图 3-5）来评估临界温度。考虑零级反应的情形，其放热速率表示为温度的函数

$$q_{rx} = A\mathrm{e}^{\frac{-E_a}{RT_{NR}}} Q_r \tag{3-16}$$

式中，T_{NR} 为不可逆温度，K；E_a 为活化能，J/mol；R 为气体常数，8.314J/(mol·K)；A 为指前因子；Q_r 为放热量，J。

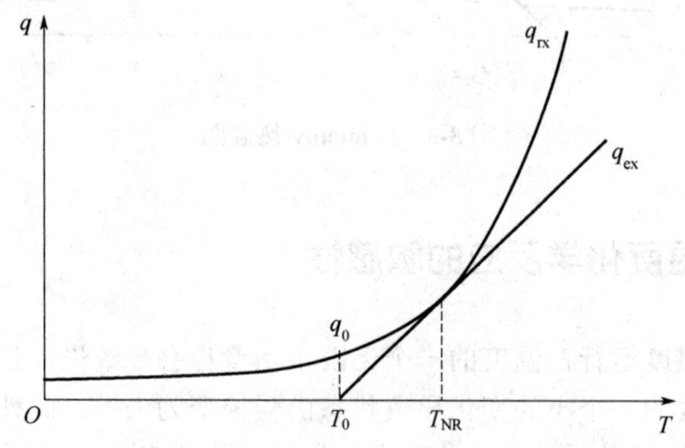

图 3-5　Semenov 热温图：临界温度的计算

考虑临界情况，此时环境初始温度 T_0 等于临界温度 $T_{c,cr}$，则反应热生成速率与反应器的热移出速率数值相等。

$$A\mathrm{e}^{\frac{-E_a}{RT_{NR}}} Q_r = US(T_{NR} - T_0) \tag{3-17}$$

由于两线相切于此点，则其导数数值相等

$$A\mathrm{e}^{\frac{-E_a}{RT_{NR}}} \frac{E_a}{RT_{NR}^2} = US \tag{3-18}$$

两个方程同时满足，得到临界温度的差值（即临界温差 ΔT_{cr}）

$$\Delta T_{cr}=T_{NR}-T_0=\frac{RT_0^2}{E_a} \tag{3-19}$$

由此可见，临界温差实际上是保证反应器稳定所需的最低温度差，注意这里的温度差是指反应体系温度与环境初始温度之间的差值。因此，在一个给定的反应器中进行特定的反应，只有当反应体系温度与环境初始温度之间的差值大于临界温差时，才能保持反应体系稳定。给定的反应器指该反应器的综合传热系数 U 与 S、环境初始温度 T_0 等参数已知，特定的反应指该反应的热力学参数 Q_r 及动力学参数 A、E_a 已知，反应体系指由化学反应与反应器构成的体系。

反之，如果需要对反应体系的稳定性进行分析，必须知道两方面的参数：反应的热力学、动力学参数和反应器冷却系统的热交换参数。可以运用同样的原则来分析物料储存的热稳定状态，即需要知道分解反应的热力学、动力学参数和储存容器的热交换系数，根据式（3-19），$T_{c,cr}$ 为 Semenov 模型下满足式（3-17）和式（3-18）的环境温度，即自加速分解温度 SADT（self accelerating decomposition temperature）。

图 3-6 为浓度 5%（质量分数）过氧化苯甲酰（BPO）混合 1mol/L 硫酸的 SADT 图。图中可见在 57℃时，经过 5.44 天（低于 7 天），其自反应温度上升 6℃，故可判定该 SADT 为 57℃。

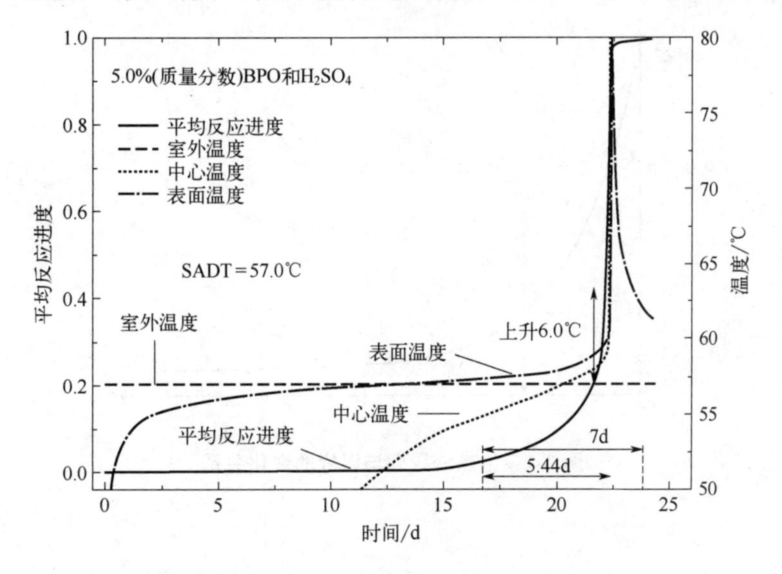

图 3-6　浓度 5%（质量分数）过氧化苯甲酰混合 1mol/L 硫酸的 SADT 图

3.2.5　化学反应绝热诱导期

失控反应的另一个重要参数就是绝热条件下热爆炸的形成时间，或称为绝热条件下最大反应速率到达时间 TMR_{ad}（time to maximum rate under adiabatic conditions），也称为绝热诱导期。

对于一个零级反应，绝热条件下的最大反应速率到达时间为

$$TMR_{ad}=\frac{c_p RT_0^2}{q'_{T_0}E_a} \tag{3-20}$$

TMR_{ad}是一个反应动力学参数的函数，如果环境初始温度 T_0 下的反应比热速率 q'_{T_0} 已知，且知道反应物料的比热容 c_p 和反应活化能 E_a，那么 TMR_{ad} 可以计算得到。由于 q'_{T_0} 是温度的指数函数，因此 TMR_{ad} 随温度呈指数关系降低，且随活化能的增加而降低。

假定反应为 n 级简单反应，最大反应速率到达时间遵循以下公式

$$TMR_{ad} = \frac{RT^2}{AE_a\phi\Delta T_{ad}\left(\frac{T_{peak}-T}{\Delta T_{ad}}\right)^n}\exp\left(\frac{E_a}{RT}\right) \tag{3-21}$$

式中，T_{peak} 为分解反应峰值温度，℃；ϕ为热惯性因子，无单位。

代入 E_a、A、ΔT_{ad} 等参数的数值，即可获得不同温度下的 TMR_{ad}。

3.2.6 绝热诱导期与温度的关系

工艺热危险评价时，还需要用到一个很重要的参数，即绝热诱导期为 24h 时的引发温度 T_{D24}，该参数常常作为制定工艺温度的一个重要依据。绝热诱导期随温度呈指数关系降低，如图 3-7 所示。通过实验测试等方法得到绝热诱导期与温度的关系，可以由图解或求解有关方程获得 T_{D24}。

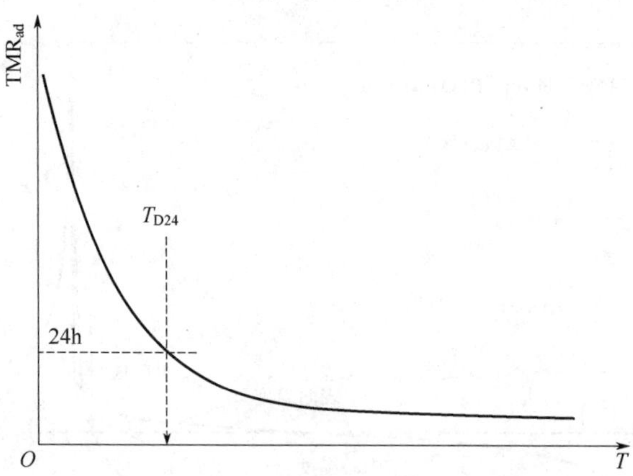

图 3-7 绝热诱导期与温度的变化关系

3.3 化学反应热失控风险评估

通常，风险被定义为潜在事故的严重度和发生可能性的组合。因此，反应风险评价必须既评估其严重度，又分析其可能性。

实际上，化学反应热失控风险是指由反应失控及其相关后果（如引发的二次效应）带来的风险。因此，必须搞清楚一个反应如何由正常过程“切换”到失控状态。这意味着为了进行严重度和可能性的评估，必须对事故情形，包括其触发条件及导致的后果进行辨识、描述。对于热风险，最坏的情形是发生反应器冷却失效，或通常认为的反应物料或物质处于绝热状态。

3.3.1 化学反应热失控后果严重度

所谓反应热失控风险的严重度，即指失控反应未受控的能量释放可能造成的破坏。由于化工行业的大多数反应是放热的，反应失控的后果与释放的能量有关，而绝热温升与反应的放热量成正比，因此，常采用绝热温升作为严重度评估的一个非常直观的判据。

最终温度越高，失控反应的后果越严重。如果温升很高，反应混合物中一些组分可能蒸发或分解产生气态化合物，因此体系压力将会增加。这可能导致容器破裂和其他严重破坏。例如，以丙酮作为溶剂，如果最终温度达到 200℃，就可能具有较大危险性。

绝热温升不仅是影响温度水平的重要因素，而且对失控反应的动力学行为也有重要影响。通常而言，如果活化能、初始放热速率和起始温度相同，释放热量大的反应会导致快速失控或热爆炸，而放热量小的反应，即绝热温升低于 100K，导致较低的升温速率。如果目标反应和二次分解反应在绝热条件下进行，则可以利用所达到的温度水平来评估失控严重度。

表 3-6 给出了一个四等级分级的严重度评价准则。该评价准则基于这样的事实：一方面，如果绝热条件下温升达到或超过 200K，则温度-时间的函数关系将产生急剧的变化，导致剧烈的反应和严重的后果。另一方面，对应于绝热温升为 50K 或更小的情形，反应物料不会导致热爆炸，这时的温度-时间曲线较平缓，相当于体系自加热而不是热爆炸，这种情形的严重度是“低的”。

表 3-6 失控反应严重度的评价准则

三等级分级准则	四等级分级准则	ΔT_{ad}/K	Q'_r/(kJ/kg)
高的（high）	灾难性的（catastrophic）	＞400	＞800
	危险的（critical）	200～400	400～800
中等的（medium）	中等的（medium）	50～200	100～400
低的（low）	可忽略的（negligible）	＜50 且无压力	＜100

四个等级的评价准则由苏黎世保险公司在其推出的苏黎世危险性分析法（Zurich hazard analysis，ZHA）中提出[20]，通常用于精细化工行业。如果按照严重度三等级分级准则进行评价，则可以将位于四等级分级准则顶层的两个等级“灾难性的”和“危险的”合并为一个等级“高的”。

需要强调的是，当目标反应失控导致物料体系温度升高后，影响严重度的因素除了绝热温升、体系压力，还应该考虑溶剂的蒸发速率、有毒气体或蒸气的扩散范围等因素，这样建立的严重度判据才比较全面、科学，但相对而言，这样的判据体系比较复杂，本节仅考虑将绝热温升作为严重度的判据。

3.3.2 化学反应热失控可能性

应该说，目前还没有可以对事故发生的可能性进行直接定量的方法，或者说还没有能直接对反应发生失控的可能性进行定量的方法。然而，如果考虑如图 3-8 所示的失控曲线，则发现这两个案例的差别是明显的。在案例1中，目标反应失控导致温度升高后，将有足够的时间来采取措施，从而实现对工艺的再控制，或者说有足够的时间使系统恢复到安全状态。如果比较两个案例发生失控的可能性，显然案例2比案例1引发二次分解失控的可能性大。因此，尽管不能严格地对发生可能性进行定量，但至少可以采用半定量化的方法进行评价。采用时间尺度对事故发生的可能性进行评价，即如果在冷却失效后，有足够的时间在失控变得剧烈之前采取应急措施，则失控演化为严重事故的可能性就降低了。

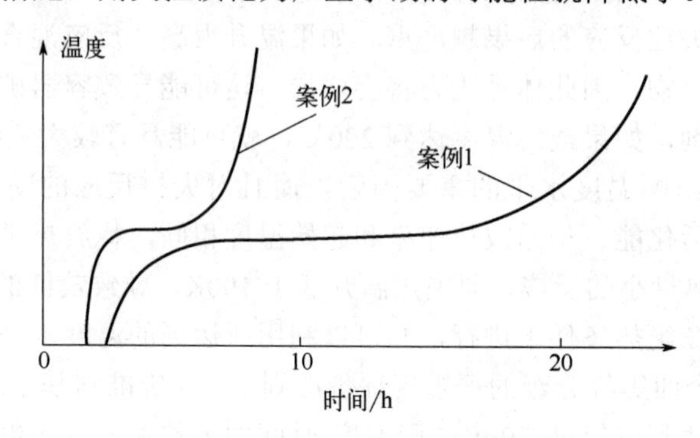

图 3-8 评价失控可能性的时间尺度

部分反应快速的危险化学物质，在相对安全的温度下仍会因为热蓄积效应，导致反应热失控的发生，图3-9为2,4,6-三硝基苯酚反应热失控的自升温及自升压。

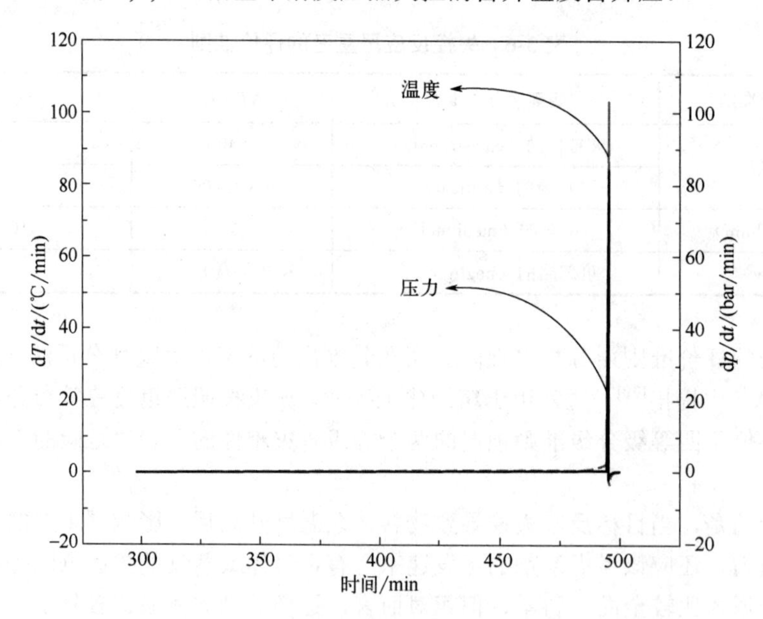

图 3-9 2,4,6-三硝基苯酚反应热失控的自升温及自升压

注：$1bar=10^5Pa$。

对于可能性的评价，通常使用由ZHA法提出的六等级分级评价准则[20]，参见表3-7。如果使用三等级分级评价准则，则可以将等级“频繁发生的”和“很可能发生的”合并为同级“高的”，而等级“很少发生的”“极少发生的”和“几乎不可能发生的”合并为同一级“低的”，中等等级“偶尔发生的”变为“中等的”。对于工业规模的化学反应，不包括存储和运输过程，

如果在绝热条件下达到失控反应最大速率的时间超过 1 天，则认为其发生可能性是“低的”。如果达到最大速率的时间小于 8h，则发生可能性是“高的”。这些时间尺度仅仅反映了数量级的差别，实际上取决于许多因素，如自动化程度、操作者的培训情况、反应器大小等。需要注意的是，这种关于热风险可能性的分级评价准则仅适用于反应过程，而不适用于物料的储存过程。

表 3-7 失控反应发生可能性评价判据

三等级分级准则	六等级分级准则	TMR_{ad}/h
高的（high）	频繁发生的（frequent）	＜1
	很可能发生的（probable）	1～8
中等的（medium）	偶尔发生的（occasional）	8～24
低的（low）	很少发生的（seldom）	24～50
	极少发生的（remote）	50～100
	几乎不可能发生的（almost impossible）	＞100

思考题

1. 反应介质和载热体之间的热交换存在哪几种可能的途径？

2. 只考虑热对流的条件下，载热体通过反应器壁面的热交换 q_{ex} 与传热面积及传热驱动力成正比。考虑此条件下的 q_{ex}，需注意什么？

3. 如何理解热平衡简化表达式？

4. 什么是失控反应？

5. 如何理解绝热条件下的反应速率？

6. 如何理解 Semenov 热温图？

7. 如何评价反应热失控后果严重度？

第4章

化学反应热安全评估参数测量实验方法

化学反应热安全评估方法通常分为理论模拟评价和实验模拟评价。实验模拟评价又有全尺寸模拟实验和小尺寸模拟实验。评价参数主要有反应放热开始温度、自加速分解温度、反应速率、放热量、绝热温升、合成反应最高温度等。在第3章中根据化学反应动力学理论，已经对反应速率的影响因素进行了较为深刻的讨论。同时介绍了几种化学物质和化学反应热危险性的理论预测方法，指出了相关理论预测的局限性。

一个化学反应的反应速率主要受该反应的活化能、指前因子、反应温度等因素的影响。无论是反应过程热失控还是化学物质自身热分解，在安全性评估过程中还涉及另外两个参数——反应放热开始温度及放热量。它们是化学反应或物质本身的特性，但其值的大小，特别是反应放热开始温度，不仅与该反应或物质的自身性质有关，还与测定仪器的特性以及确定方法有关。在某种程度上，反应放热开始温度不能全面地评价反应工艺的热危险性，不能将其作为化学反应热危险的定量评价指标。

事实上，一个工艺过程的热危险性不仅与原料的自身性质和反应过程有关，还与工艺条件，包括反应装置、操作步骤、原料包装材料的性质及尺寸等有关。因为工艺条件的不同会直接影响反应本身与外部环境的换热效率，即在某一温度下，体系是否会产生热累积，其热累积的速度如何，不仅与体系的反应放热特性有关，还与其工艺条件直接相关。当工艺条件具有充足的换热效率，即体系中不会出现热累积，反应过程不会失控，则工艺过程的热危险性被大大降低。因此，工艺条件下的换热效率直接影响工艺过程的热危险性[21]。

化学反应热安全评估的全尺寸实验是评价其危险特性的最有效的方法和手段，其评价结果也最正确、可靠，能够很好地代表工艺过程中的实际情况。但是由于化学反应或物质本身的特殊性，在实验过程中不仅会产生大量的热，更有一些反应会产生大量的气体。如果这些热和大量的气体在瞬间释放出来，就有可能发生重大安全事故，也就是说，在实验过程中会发生着火和爆炸事故。为了确保实验过程的安全性，必须对实验装置和实验人员采取严格措施，进行全面防护。因此，大药量全尺寸的实验模拟从安全角度来考虑是极不可取的。另外，许多化学物质具有毒性和腐蚀性，大药量实验会对环境及人类的健康带来一定的影响，同时，由于实验成本高，也难以实现。因此，必须用小尺寸、小药量实验来代替全尺寸、大药量实验。

4.1 中小尺寸模拟实验

中小尺寸模拟实验用以评价反应工艺或物质本身的热危险性虽然有一定的局限性，但实验用料少，成本低，实验过程简单、快速、安全。故中小尺寸模拟实验深受广大研究者的青睐。

化学物质的小药量模拟实验，其样品量一般在 0.01～10g，而反应过程热安全评估模拟实验中，样品量一般在 100～1000g。相对于实际生产工艺，中小尺寸实验过程安全、易于控制，如可以通过实验程序进行等速升温实验、台阶升温实验、恒温实验等。小样品、小药量模拟实验常用的热分析仪器有差示扫描量热仪（differential scanning calorimeter，DSC）、差示热分析仪（differential thermal analysis，DTA）、加速度量热仪（accelerating rate calorimeter，ARC）、C80 微量量热仪（C80 calorimeter，C80）、反应量热仪（reaction calorimeter，RC）等。这些热分析仪的研制成功，给化学研究工作者带来了福音，极大地推动了化学反应动力学和化学反应热力学的研究进展，同时在化学反应热安全的危险性评价方面也发挥了重大的作用。

4.2 反应热安全评估实验仪器

4.2.1 差示扫描量热仪

差示扫描量热仪（DSC）以其性能可靠、用途广泛，为广大化学科技工作者所熟知和使用。它不仅可以测定化学反应动力学特性和热力学特性，同时还能提供化学物质的玻璃化转变温度（T_g）、相转变和反应焓、熔点和沸点、结晶度、氧化稳定性、纯度、比热容和热稳定性等信息。DSC 广泛应用于塑料工业、橡胶工业、涂料工业、医药和食品工业、生物化学工业、无机金属材料工业、安全工程等研究领域。

各种 DSC 的测定原理虽然相同，但其特性却根据其使用功能和生产厂家的不同而略有不同。DSC 有一个样品池和一个参比池，样品池内存放被测样品，实验试剂量通常在 1～20mg。参比池内放置与样品池同等质量的惰性物质，一般为热力学性能稳定的 α-三氧化二铝。实验在程序温度控制下，测量输入到被测物质和参比物之间的能量差或功率差随温度的变化规律。实验时一般采用等速升温程序，升温速率一般控制在 1～10℃/min。DSC 的可测温度范围根据仪器的不同而不同，普通 DSC 的可测温度范围大都在室温～800℃。

由于 DSC 的实验可测温度范围很广，为了避免被测物质在高温下与空气中的氧气反应，经常采用通入惰性气体（通常为氮气）的办法来消除活性气体的氧化作用。

差示扫描量热仪的典型产品见图 4-1。差示扫描量热仪测得的某化学物质热流率与温度关系的典型图谱见图 4-2。

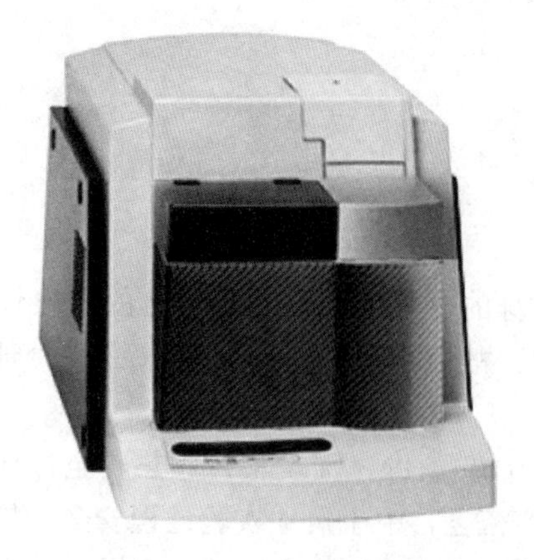

图 4-1　差示扫描量热仪

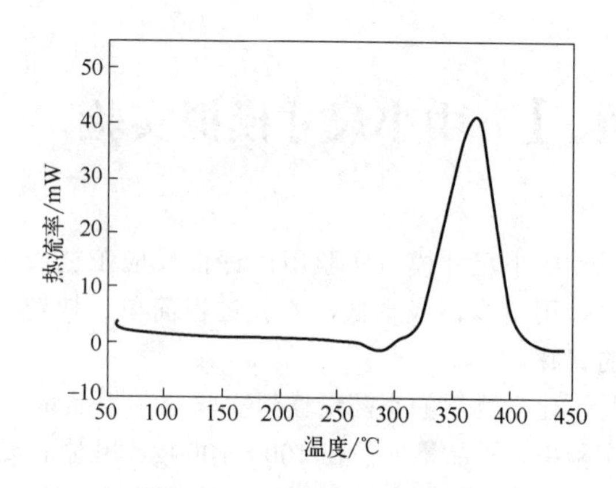

图 4-2　DSC 实验的典型图谱

通过对不同实验条件下的图谱进行解析，不仅可以得到一系列表征化学物质物理特性的参量，如结晶和熔解的温度、热量、相转变温度等，同时还可以得到表征其化学反应特性的动力学参数和热力学参数，进而可以得到表征化学物质危险性的各种参量。如可以得到表征化学反应发生难易程度的反应放热开始温度 T_{onset}，通过对曲线进行积分，可以得到单位质量化学物质的放热量 Q'_r；通过对曲线的解析，还可以得到用以描述化学反应特性的参量，如活化能 E_a、指前因子 A、反应级数 n 等。

4.2.2　C80 微量量热仪

C80 微量量热仪是 20 世纪 80 年代研制开发出的新一代 CALVET 式量热仪，它的特点是可测参量多、测试精度高、测试样品量大。

图 4-3 是 C80 微量量热仪实物照片，图 4-4 是 C80 微量量热仪的结构简图，它主要由 CS32 控制器、反应炉、稳压电源和计算机组成。其核心部件是 CS32 控制器和反应炉。利用厂方所给的软件，在计算机上编制实验程序的指令，该指令通过 CS32 控制器来执行并完成在反应炉内的整个实验过程。

图 4-3　C80 微量量热仪实物照片

C80 微量量热仪的反应炉内有一个样品池（通常叫反应容器）和一个参比池，样品池内存放被测试样，实验试剂量通常在几百毫克到几克之间，根据被测样品的反应剧烈程度和生成气体的量来确定。一般反应越剧烈，生成的气体量越大，实验样品量应该越少。参比池内放与样品池同等质量的惰性物质，一般为热力学性能稳定的 α-三氧化二铝。C80 微量量热仪的测定原理与 DSC 一致，即在程序温度控制下，测量输入到被测物质和参比物之间的能量差或功率差随温度的变化规律。

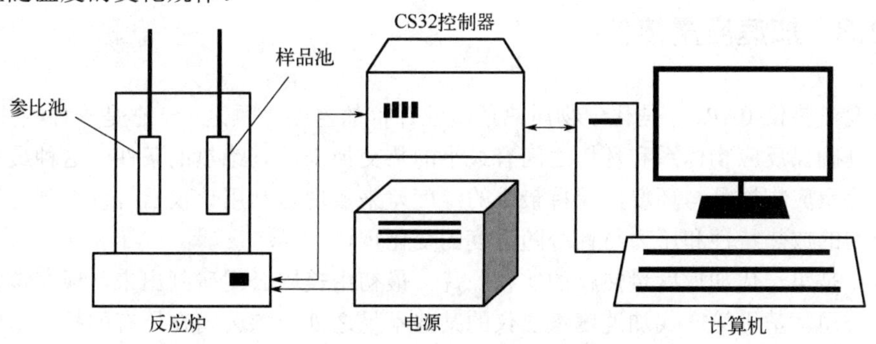

图 4-4　C80 微量量热仪的结构简图

C80 微量量热仪反应容器的材料为不锈钢，有常压和高压之分。标准型常压反应容器的外径为 16.9mm，内径为 15.0mm，高为 80.0mm，容积为 12.3cm^3，最高耐压为 5atm（1atm=101.325kPa）。高压反应容器的外径为 16.9mm，内径为 13.8mm，高为 74.0mm，容积为 8.6cm^3，最高耐压为 100atm。此外，还有一些特殊用途的反应容器。如测压专用反应容器，它由耐热、耐压的合金制成。该反应容器的外径为 16.9mm，内径为 13.8mm，高为 80.0mm，容积为 9.0cm^3，最高可测压力为 350atm。除测压容器之外，还有测定两种化学物质的混合反应热的混合容器。

C80 微量量热仪可以通过设置不同的实验程序，如等速升温、台阶升温、变速升温、恒温等，测定各类化学以及物理过程，如熔解、混合、结晶、吸附和解吸、化学反应等的热效应，同时还可以测定诸如比热容、热传导系数等热物性参数。如果用测压专用反应容器，还可以测定各类物理化学过程的压力与时间的关系。通过解析测定得到的实验结果，可以求得各类化学物质反应过程的化学动力学参数和热力学参数，从而求解其化学反应动力学机理。

用 C80 微量量热仪测得的纯硝酸铵、硝酸铵与硫酸的混合物的热流率与温度的关系曲线见图 4-5。通过分析该曲线，可以得到一系列在评价化学物质的热危险性方面有用的参数，如反应放热开始温度、比反应热、反应的剧烈程度、反应的表观活化能，以及转晶、熔解的温度及其热效应等。

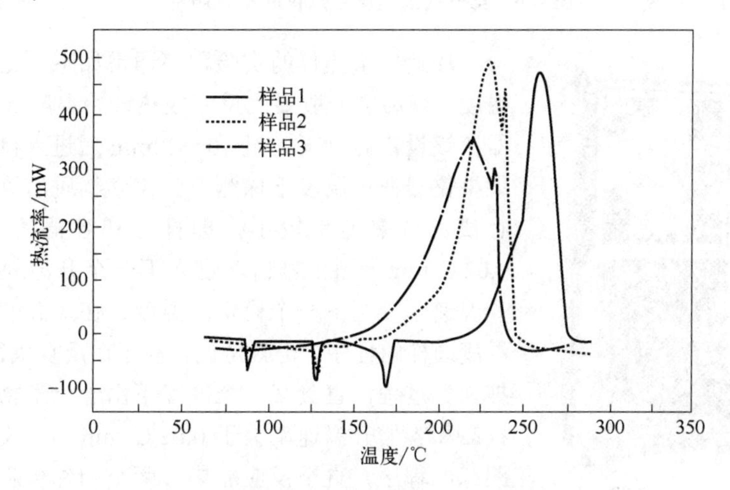

图 4-5　纯硝酸铵、硝酸铵与硫酸混合物的热流率曲线

注：样品 1 为纯硝酸铵，样品 2 为 95.23%（质量分数，下同）硝酸铵和 4.77%硫酸，样品 3 为 80%硝酸铵和 20%硫酸。

4.2.3 加速度量热仪

加速度量热仪（ARC）是化学物质热危险性评价的重要工具之一。它是一种绝热量热仪，该仪器通过确保反应物体系和环境之间有最小的热交换来达到绝热的条件。这种最小热交换可以通过使反应物样品与环境间保持最小的温度差来实现。利用该仪器可以得到近似绝热条件下反应物的放热特性和压力特性等随温度的变化规律。

图 4-6 是第一代加速度量热仪的实物照片，最初由美国公司研制出来，现在该技术转让给了英国公司。基于第一代加速度量热仪的某些不足之处，该公司在原有的技术基础之上对它进行了改良，如将第一代加速度量热仪的最大升温速率从原来的 20℃/min 提高到了 100℃/min，基本克服了第一代加速度量热仪炉体升温速率较小的缺点，在一定程度上提高了实验结果的准确性和可靠性。升温速率较小时，由于炉体的升温跟不上被测样品快速反应时的升温，反应物系与环境不满足基本绝热的条件，从而导致实验结果不准确。经改良后的加速度量热仪的照片见图 4-7。

图 4-6 第一代加速度量热仪的实物照片

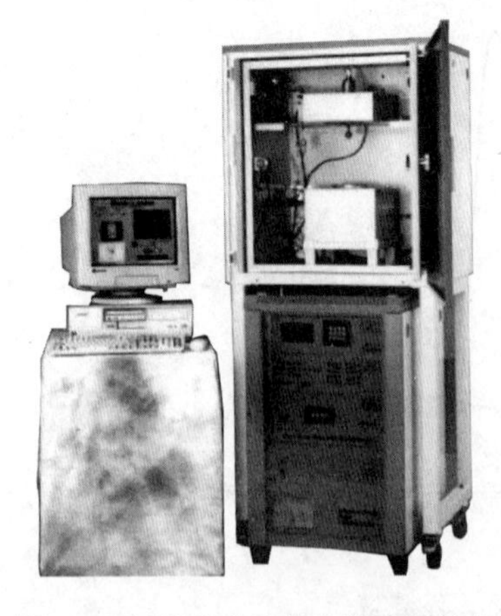

图 4-7 经过改良后的加速度量热仪

加速度量热仪的实验程序通常如下：先设定一个初始温度，该温度一般要比反应放热开始温度低 20℃以上，仪器在该设定温度下恒温 10～20min 后进入自动搜索阶段。如果仪器在该温度下探测不到化学物质的放热现象或化学物质的放热速率较小，即样品和容器的升温速率小于 0.02℃/min，则仪器自动进入下一个升温程序。以特定的升温速率升至下一个设定的温度，在该温度执行与前一个温度同样的程序。也就是说，程序在反复执行“升温-恒温-搜索”过程，直到某一个温度下由于化学物质的放热使得样品和容器升温速率大于 0.02℃/min 后，仪器将进入自动跟踪的程序，直至反应完毕。两个相邻台阶之间的温度差称为升温步长。加速度量热仪测得的温度-时间关系的典型曲线见图 4-8。由加速度量热仪测得的自加速升温速率与温度关系的典型曲线见图 4-9。加速度量热仪不仅能测定各类物质在不同温度下反应时的自加速升温情况，并由此分析得到自加速升温速率和温度的关系，同时还可以测定各类化学反应过程的压力变化规律等关系曲线。

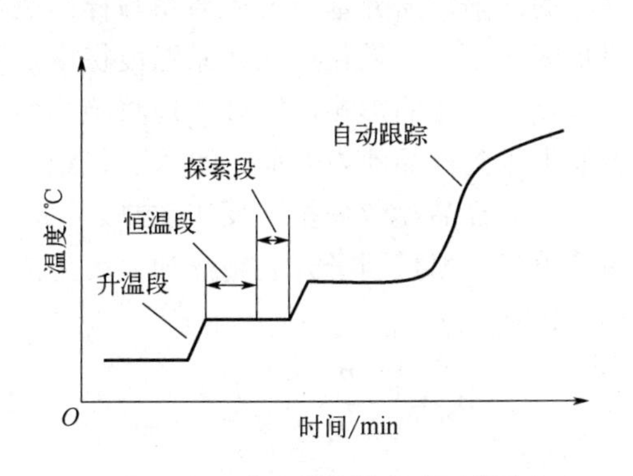

图 4-8　加速度量热仪的典型曲线

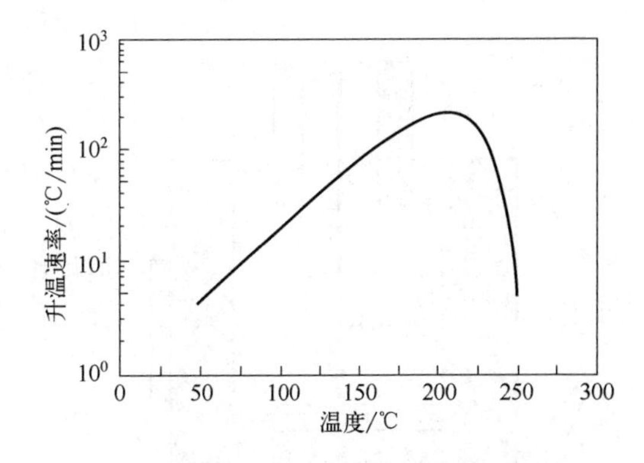

图 4-9　自加速升温速率与温度关系的典型曲线

图 4-10 是加速度量热仪反应炉的结构简图，炉体由底部、侧壁和顶部组成。在炉体的各个部位都安装有用以加热的电热丝，同时在炉体的底部、侧壁和顶部安装有 3 个热电偶分别测量炉体 3 个不同部位的温度，将这 3 个温度的平均值作为炉体的平均温度。反应容器被安装在炉体的中央位置，在反应容器的内侧安装有 1 个热电偶，用以测定被测样品反应过程的温度。实验时，通过控制加载在炉体各个部位上的电热丝的电流的大小来调节炉体温度和反应容器之间温度的平衡，以确保反应过程的绝热性。在反应容器的顶部，安装有压力传感器用以测定反应过程的压力。

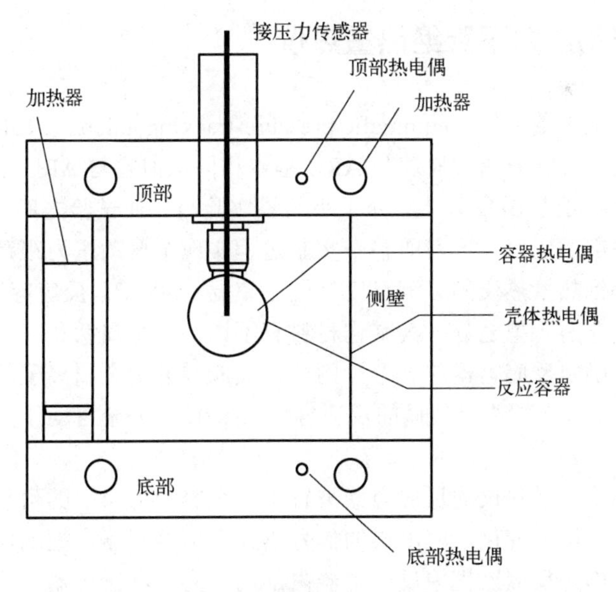

图 4-10　加速度量热仪反应炉的结构简图

加速度量热仪的反应容器为球形，最大样品量可装到 10g。容器的材料主要有两种，一种是不锈钢，另一种是金属钛。由于不锈钢相对密度较大，反应容器的自身质量和热容量都较大，即实验样品和反应容器的热惯量因子ϕ值较大，其结果使得仪器的测量灵敏度有所下降。金属钛不仅具有较高的机械强度、良好的导热性能，而且质量轻、热容量小，所以金属钛制作的反应容器更受研究者所喜爱，但其缺点是成本太高。

相对于现有绝热加速度量热仪，本书编著者突破传统研究“样品池升温能量来自被测样品反应放热”的缺陷，摒弃基于反应体系与样品热容之比的热惯量因子定义，量化反应体系温度梯度及温度追踪效果对绝热性能的影响，突破性地将绝热面从样品池外表面推进到样品池内表面，引入表征绝热性能的绝热因子，即样品热散失量与反应放热之比，并运用绝热因子替代热惯量因子开展绝热加速度量热研究，如公式（4-1）所示。

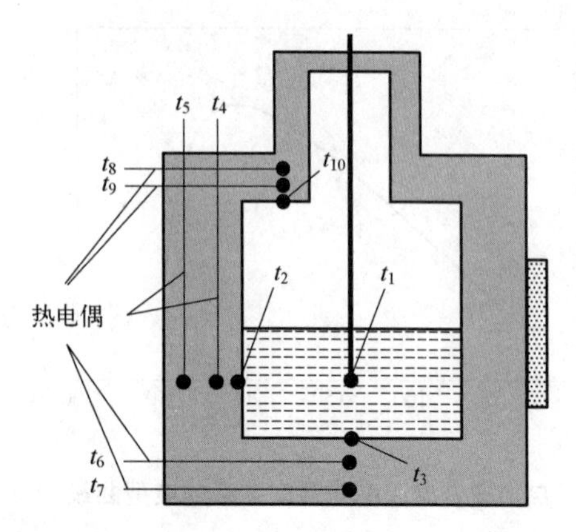

图 4-11　基于温度场模型的样品池内表面温度测量

注：图中 t_1 为样品温度；t_2、t_3 和 t_{10} 为内表面温度；t_4 和 t_5 为样品池竖直池壁温度；t_6 和 t_7 为样品池底部池壁温度；t_8 和 t_9 为样品池顶部池壁温度。

$$\eta_{ad} = 1 - \frac{P_{lost}}{P_s} \tag{4-1}$$

式中，η_{ad} 为绝热因子；P_{lost} 为样品热散失功率；P_s 为样品放热功率。

基于反应体系温度场建模与测量，精确推算样品池内表面温度，使绝热加速度量热系统在一定反应速率下实现理想绝热，针对样品量大、反应速率快及绝热性能不佳的问题，研究样品变化热散失量实时测量方法，探索相应的绝热性能修正方法，实现热动力学参数的精确求解（图 4-11）。

4.2.4　全自动压力跟踪绝热量热仪

全自动压力跟踪绝热量热仪（automatic pressure-tracking adiabatic calorimeter，APTAC）也是一种绝热量热仪，且它的测量原理与 ARC 基本相同，但它与 ARC 不同的是：①实验试剂量较大，最大试剂量可达 100g 以上，介于小药量实验与工业试验之间；②实验过程能够确保反应容器内部与外部的压力一致，即整个实验过程实现全自动压力跟踪。

全自动压力跟踪绝热量热仪的可测温度范围是室温～500℃，反应容器的容积为 130mL。反应容器有耐压型和非耐压型之分，其制作材料有不锈钢、金属钛和玻璃。通常根据被测化学物质的反应特性来确定反应容器的类型。例如，反应容易受金属离子的影响或金属离子对反应具有催化作用时，就必须选择玻璃的反应容器。图 4-12 为全自动压力跟踪绝热量热仪的实物照片。

全自动压力跟踪绝热量热仪的反应容器被置于一个容积为 4L 的耐高压容器中，实验时通过测量反应容器中的压力变化，将测得的信号迅速传给控制器，控制器迅速给出指令，增加高压容器的压力，确保反应过程中反应容器内部的压力与高压容器一致。

利用全自动压力跟踪绝热量热仪可以测定化学反应过程的自加速升温速率和温度、压力和温度等关系曲线。通过分析这些实验曲线可以得到被测物质的反应放热开始温度、最大自加速升温速率、最大压力、最大压力上升速度、化学反应活化能等。全自动压力跟踪绝热量热仪的灵敏度为 0.04℃/min，虽然表观上它比加速度量热仪的灵敏度 0.02℃/min 要低，但是由于它的实验试剂量比加速度量热仪大得多，可以设定较小的ϕ值进行实验，ϕ值的大小是衡量测定过程中，由反应生成的热量用以加热反应物的比例大小的一个参量。如果ϕ=1，表示反应生成的热量全部用以加热反应物。所以，不能说 APTAC 灵敏度比 ARC 差。

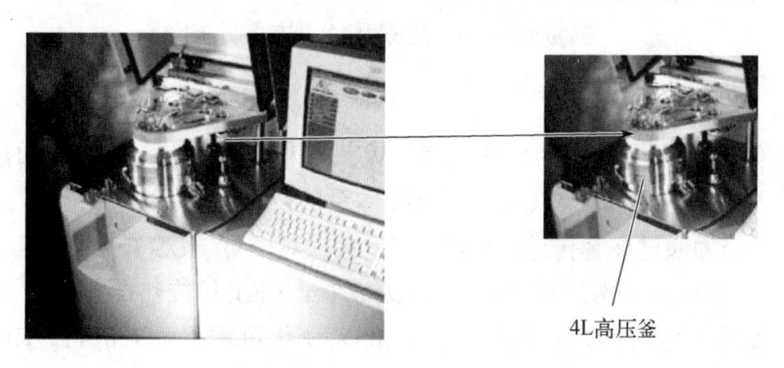

图 4-12　全自动压力跟踪绝热量热仪的实物照片

4.2.5　反应量热仪

反应量热仪（reaction calorimeter，RC）的出现是为了使测试中反应进行的条件更接近于实际工业条件。相对于前面介绍的几种化学物质热分析仪器，反应量热仪主要是测试工艺过程中的反应放热。反应量热仪能够保持实验过程中的操作条件与工业化釜式反应器的操作条件相近，可以自动记录反应温度（T_r）、夹套温度（T_j）、搅拌速率（R）等，并能结合工艺条件给出反应体系的比热容（c_p）、综合传热系数（U）、回流因子（F）等。反应量热仪的组件包括冷却循环器、四叶桨、校准加热器、温度传感器、回流冷凝器、反应釜等。图 4-13 为全自动反应量热仪的实物照片。

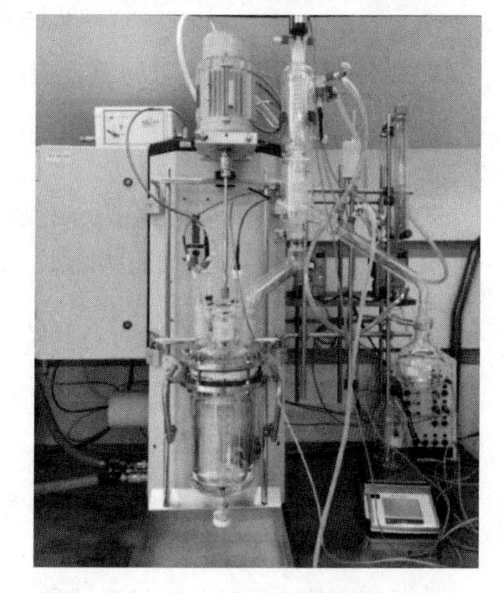

图 4-13　全自动反应量热仪的实物照片

反应量热仪的温度控制模式有三种，包括等温、动态和绝热模式。

等温模式：采用适当的方法调节环境温度，从而使样品温度保持恒定。这种模式的优点是可以在测试过程中消除温度效应，不出现反应速率的指数变化，直接获得反应的转化率。缺点是只单独进行一个实验，不能得到有关温度效应的信息，如果需要得到这样的信息，必须在不同的温度下进行一系列实验。

动态模式：样品温度在给定温度范围内呈线性变化。这类实验能够在较宽的温度范围内显示热量变化情况，且可以缩短测试时间。这种方法非常适合反应放热情况的初步测试。对于动力学研究，温度和转化率的影响是重叠的，需要采用更复杂的评价技术。

绝热模式：样品温度源于自身的热效应。这种方法可直接得到热失控曲线，但是测试结果必须利用热修正系数进行修正，因为样品释放的热量有部分用来升高反应釜温度。

最初反应量热仪的研发主要是出于反应安全性分析的目的，后来在使用过程中人们发现反应量热仪的应用对工艺研发和放大生产也有很大的帮助，其精确的温度控制和稳定的放热速率测量更加有利于人们研究工艺过程中的反应热危险性。

反应量热仪的测试基于如下热平衡理论

热量输入 = 热累积 + 热量输出

$$q_{rx}+q_c+q_s=(q_{ac}+q_i)+(q_{ex}+q_{fd}+q_{loss}+\cdots+q_{add}) \tag{4-2}$$

式中，q_{rx}为化学反应过程中的放热速率，W；q_c为校准功率，即校准加热器的功率，W；q_s为搅拌装置导入的热流速率，W；q_{ac}为反应体系的热累积速率，W；q_i为反应釜中插件的热累积速率，W；q_{ex}为通过夹套传递的热流速率，W；对于 $q_{ex}=US(T_r-T_j)$，T_r为反应温度，℃，T_j为夹套温度，℃，U、S分别为综合传热系数[W/(m^2·K)]和传热面积（m^2），用加热功率已知的校准加热器加热一定时间后，通过记录T_r和T_j变化可求得$US=q_c/(T_r-T_j)$；q_{fd}为加料引起的显热，W；q_{loss}为反应釜的釜盖和仪器连接部分等的热散失速率，W；q_{add}为自定义的其他一些热量流失速率，W。可能的热量流失速率有回流冷凝器中的热散失速率（q_{reflux}）、蒸发的热流速率（q_{evap}）等。

当反应无需回流，且忽略搅拌、反应釜釜盖和仪器连接部分等的散热时，反应放热速率可以由式（4-3）求得

$$q_{rx}=q_{ac}+q_i+q_{ex}+q_{fd}-q_c \tag{4-3}$$

对式（4-3）积分便可以得到反应过程中总的放热

$$Q_r=\int_{t_0}^{t_{end}} q_{rx}\mathrm{d}t \tag{4-4}$$

式中，t_0为反应开始时刻；t_{end}指反应结束时刻。

反应热使目标反应在绝热状态下升高的温度$\Delta T_{ad,r}$可由式（4-5）得到

$$\Delta T_{ad,r}=Q_r/(m_r c_p)=\int_{t_0}^{t_{end}} q_{rx}\mathrm{d}t/(m_r c_p) \tag{4-5}$$

由任意时刻反应已放出热量和反应总放热的比可得到反应的热转化率X_{th}

$$X_{th}=\frac{\int_{t_0}^{t} q_{rx}\mathrm{d}t}{Q_r}=\frac{\int_{t_0}^{t} q_{rx}\mathrm{d}t}{\int_{t_0}^{t_{end}} q_{rx}\mathrm{d}t} \tag{4-6}$$

如反应物的实际转化率较高或完全转化为产物时，任意时刻的热转化率 X_{th} 即可认为是目标反应的实时转化率。

利用反应量热仪可以测得反应过程中的放热速率变化，根据能量守恒公式可以对 T_r 和 T_j进行回归计算，获得反应体系的 c_p 和 US。通过对放热速率曲线积分可以得到反应的热转化率，结合反应工艺的化学转化率即可获得体系的物料累积量。根据反应工艺条件及反应量热仪测试数据，可以获得反应体系的绝热温升（$\Delta T_{ad,r}$）、目标反应热失控后体系能达到的最高温度（MTSR）等参数。利用获得的参数可以对目标反应可能引起的事故后果的严重度进行评估。

实验室常用量热设备比较如表 4-1 所示。

表 4-1 常见量热设备的对比

量热设备	测试原理	样品量	温度范围/℃	灵敏度/(W/kg)
DSC（差示扫描量热仪）	差值，理想热流或恒温	1～50mg	−50～800	1～10
C80 微量量热仪	差值，理想热流	0.1～10g	30～300	0.1
ARC（加速度量热仪）	理想热累积	0.5～3g	30～500	0.5
APTAC（全自动压力跟踪绝热量热仪）	理想热累积	10～100g	30～500	0.5
RC（反应量热仪）	理想热流	500～2000g	−50～250	1.0

4.3 反应热安全性表征参数

在了解了化学反应动力学特性的基础上，可以对化学反应过程热安全性进行评估。在评估过程中，可以选用多种评估参数，如反应热、反应放热开始温度、表观反应活化能、不可逆温度、自加速分解温度、绝热温升等。使用不同参数进行反应安全评估各有其优缺点，下面分别予以介绍。

4.3.1 反应热

反应热是反应产物生成热与反应物生成热的差值，也即消耗单位反应物所能释放的热量。当反应产物所含能量比反应物所含能量低时，反应就会放出热量，这一热量是导致反应系统温度升高、反应速率增大、气体膨胀和压力升高的根本原因。对于化学物质，反应热与其热安全性密切相关，反应热的大小反映了整个反应所能释放出的热量的总和，通常反应热越大，系统的温升越高，反应物可能越不稳定。然而，反应热给出的是整个反应过程中的放热量，不能描述在反应过程中放热量随温度变化的情况，因而仅仅使用反应热来描述化学物质的热安全性是不完善的。由测得的热流率曲线求反应放热量的示意见图 4-14。

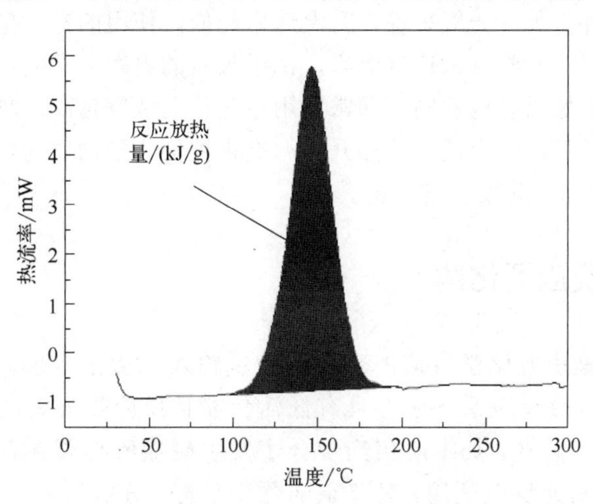

图 4-14 由测得的热流率曲线求反应放热量的示意

需要注意的是，用加速度量热仪的测定结果来计算反应放热量时有一定的误差，特别是对于一些快速化学反应其误差较大。其原因是理论上加速度量热仪是一个绝热量热仪，但是在实际的测定过程中，当反应物的自升温速率很大时，如具有爆炸性的化学物质，炉体的升温远远跟不上反应物的升温，使得绝热条件被破坏。也就是说，反应不是在绝热条件下完成的，故不能用绝热的条件来计算反应放热量。另外，加速度量热仪不能测定诸如熔解等过程的吸热现象，故它不适合作为所有物理化学过程热量测定的工具。

对于化学反应，其反应过程中均会涉及热量的吸收或释放。一个确定的化学反应在发生过程中吸收或释放的能量等于生成物化学能之和减去反应物化学能之和。在化工行业，许多化学反应放热，如果反应热不能及时被移除，就会使体系物料温度上升，反应进程加快，引起“物料温度上升-反应速率加快-更多的反应热释放”的恶性循环，最终会导致事故的发生。事故最终的损失程度也与反应能量的释放量有关。因此，反应过程中的反应热是化工工艺热安全评估中的一个关键数据。反应热可以通过以下几个方法获得：实验测试，键能理论计算，反应物和生成物总能量计算，燃烧热计算以及盖斯定律计算。在工艺热安全评估中，最常用的方法是实验测试和键能理论计算。常见反应热测试仪器主要包括反应量热仪、全自动合成工作站等。键能理论计算主要有高斯计算、Benson 基团加和、量子化学计算等。

大多数量热手段是以比反应热来表示反应热。利用反应热结合反应物料的密度和浓度可获得摩尔反应焓（ΔH_r）。

4.3.2 反应放热开始温度

反应放热开始温度是指在一定条件下发生放热反应的最低温度，该参数反映了化学物质发生放热反应的难易程度。反应放热开始温度越高，发生放热反应越困难。反应放热开始温度一般是以放热曲线的切线与基线的交叉点所对应的温度来表示的。它在一定程度上能定性或半定量地评价化学物质的热自燃危险性。但是该参数不仅与被测化学物质有关，还与实验条件以及所使用的测试仪器的特性参数有关。对同一测试仪器而言，由量热仪测得的反应放热开始温度与测定条件有关。一般来说，升温速率越低，使用的样品量越大，测得的反应放热开始温度就越低。对于不同测试仪器而言，由于仪器的灵敏度不同，即使对同一种化学物质，得到的反应放热开始温度也不同。通常所用量热仪灵敏度越高，测得的反应放热开始温度就越低。由于这些不足，使用反应放热开始温度来评价化学物质的热安全性很不准确。反应放热开始温度在 4.4 节中将要详细讨论。

4.3.3 表观反应活化能

表观反应活化能是引发化学反应所需要的能量输入。活化能越低，反应越容易发生。一般来讲，最危险的放热反应系统应是具有低活化能且反应热很大的系统。反应活化能可以利用简单碰撞理论来解释，其本质相当于分子发生碰撞所必须具有的最低相对动能，然而这一解释一般仅对基元反应适用，对复杂的化学反应，分析得到的反应活化能是一个表观值。

反应活化能的高低决定了反应发生的难易程度，在一定程度上表明了反应速率常数的大小，对评价化学物质的热安全性具有重要意义。但需要注意的是，反应活化能只是影响反应速率常数的参数之一，指前因子的影响没有被考虑进去。另外，由前所述，化学物质的热安全性不仅与其反应速率有关，还与反应过程中的反应热有关，若某化学物质在低温下反应速率很快，但其反应放出的热量较小，那么它的热危险性也不高。仅仅使用表观反应活化能来评价化学物质的热安全性是不完善的。表 4-2 列出了一些有机过氧化物的表观反应活化能和杜瓦实验测得的不可逆温度，由比较结果可以看出，较低的表观反应活化能不一定意味着较高的热危险性（T_{NR} 越低意味着热危险性越高）。

表 4-2　有机过氧化物的表观反应活化能和不可逆温度

有机过氧化物	表观反应活化能（E_a/R）$\times 10^{-4}$/K	0.5L 杜瓦瓶实验 T_{NR}/℃
过氧化氢异丙苯（CHP）	1.137	100
过氧化氢对孟烷（PMHP）	1.181	85
过氧化乙酰丙酮（AAP）	1.283	70
过氧化乙酸叔丁酯（TBPA）	1.683	77
双（叔丁基过氧化异丙基）苯（BPIB）	1.920	91
过氧化苯甲酰（BPO75）	1.249	99

4.3.4　不可逆温度

不可逆温度即系统的临界温度，它是反应系统的放热量大于系统向环境散热时的最低温度。当反应系统温度低于不可逆温度时，系统的温度不会自动增加，因为此时系统的移热速率大于系统的产热速率，所有的反应热都可以从系统中转移出去；当系统温度高于不可逆温度时，系统的产热速率大于系统的移热速率，由于热量的积累，反应系统的温度会自动升高，并最终导致失控反应的发生。由于放热反应系统的产热速率与温度呈指数关系，而其移热速率与温度是线性关系，随着温度升高，系统的热量产生速率会超出移热速率很多，从而导致系统的“自加热”，出现不可逆温度点。不可逆温度可用来评价一定放热反应系统的热危险性，不可逆温度越高，则系统的热危险性越低。不可逆温度在综合考虑了系统的化学反应动力学及热力学特性的同时还考虑了系统的散热情况，是较为完善的热危险性评价指标之一。但是不可逆温度给出的仅是临界点时的温度值，对化学物质的安全储存和使用没有提出一个可操作的安全指标，另外，不可逆温度也不能表明反应的剧烈程度。

4.3.5　自加速分解温度

化学物质的自加速分解温度（self-accelerating decomposition temperature，SADT）是衡量该物质在特定包装材料和尺寸下，在其生产、运输、储存等过程中的热危险性，如热自燃、热爆炸等的一个重要参数。化学物质的自加速分解温度不是化学物质的固有特性参数或反应特性参数。它不仅与该化学物质的化学热力学特性（如反应热）和化学动力学特性（如反应级数、活化能、指前因子）有关，还与用于该物质的包装材料的特性（如包装材料的厚度、表面热传导系数等）以及包装尺寸有关。如果包装材料和尺寸相同，则化学物质的自加速分解温度一般是随该化学物质在低温下的反应活性和反应放热量的增加而降低。对于相同化学物质，其自加速分解温度也并非定值，它将随其包装材料的热导率的降低以及包装尺寸的增大而降低。关于化学物质的自加速分解温度，将在 4.5 节做详细的讨论。

目前国际上普遍采用 SADT 来评价化学物质的热危险性[22-28]。现实中 SADT 的数值能很好地反映化学物质在实际的生产、运输、储存及使用等过程中的热危险性。所以， SADT 作为化学物质的热危险性评价的特性参数，得到了联合国危险货物分类、运输协调专家委员会的极力推荐。

4.3.6 绝热温升

反应过程中释放的能量直接关系到事故的严重程度。当反应体系与外界不能进行热量交换时，体系进入绝热状态。在该种情况下，如果反应体系中反应继续进行，反应所释放的能量则全部会用来提升体系自身温度。因此，体系温度上升程度与释放能量成正比。体系处于绝热状态下，反应释放的能量使自身温度上升的程度称为绝热温升。利用绝热温升对失控反应的严重程度进行评估是一种行之有效的办法。绝热温升可以由比反应热除以比热容得到

$$\Delta T_{\mathrm{ad}}=\frac{\left(-\Delta H_{\mathrm{r}}\right)c_{\mathrm{A0}}}{\rho c_{p}}=\frac{Q_{\mathrm{r}}'}{c_{p}} \tag{4-7}$$

由式（4-7）可以看出，绝热温升和反应物料的浓度以及摩尔反应焓呈正相关，也就是说，当体系中加入一定量溶剂时能够有效降低体系的绝热温升。同时，绝热温升与体系中混合物料的比热容呈负相关。因此绝热温升主要取决于工艺条件，尤其是加料方式和物料浓度。冷却系统失效时，绝热温升越高，则体系达到的最终温度也会越高。

4.3.7 合成反应最高温度

在对工艺进行安全性评估时，为了更好地预测工艺发生失控时的后果，需要重点考虑绝热条件下合成反应所能达到的最高温度（MTSR）。当只考虑目标反应的热量，反应体系冷却失效时可达到的温度水平 T_{cf} 是工艺温度 T_{p}、物料累积度 X_{ac} 和总的绝热温升ΔT_{ad} 的函数，即

$$T_{\mathrm{cf}}=T_{\mathrm{p}}+X_{\mathrm{ac}}\Delta T_{\mathrm{ad}} \tag{4-8}$$

其中，累积度 X_{ac} 是指某一时刻下总反应热中未释放部分所占的百分数。由于体系的反应温度和累积度会随着反应进行而时刻变化，因此当冷却失效后，体系的 T_{cf} 主要受反应操作

条件的影响。而合成反应最高温度（MTSR）对应于 T_{cf} 的最大值。MTSR 的确定对工艺安全性评估以及安全措施的设计具有重要的意义。

$$MTSR = [T_{cf}]_{max} \tag{4-9}$$

4.4 反应放热开始温度

4.4.1 反应放热开始温度的确定方法

反应放热开始温度通常用 T_{onset} 表示，它不仅是衡量一个化学物质发生化学反应难易程度的重要参数，如果该反应具有放热特性，那么它也是衡量该物质热危险性的一个重要指标。关于反应放热开始温度的确定方法虽没有统一的标准，但一般以放热曲线的切线与基线的交叉点所对应的温度来表示，如图 4-15 所示。

但是对于某些特殊的化学物质，由于它们的反应非常复杂，反应放热曲线在其反应初期并非单调指数增长，没有明显的规律，此时，很难用上面的方法，可根据实测的热流率曲线来确定其反应放热开始温度。

用 C80 微量量热仪测得的复合盐氧化剂与沥青可燃剂混合物的热流率与温度的关系见图 4-16。结果表明，它在 160℃左右就开始放热，在 160～190℃，其反应放热速率随温度的升高缓慢加快，在 190～245℃，反应放热速率基本恒定，甚至微微减小。当温度超过 245℃时，它的放热速率随温度的升高迅速增大。这是因为该混合物在低温下（氧化剂盐的熔点以下）发生表面氧化还原反应。在反应初期，低温范围内（160～190℃），氧化剂的盐和可燃剂的沥青能够直接接触，其反应放热速率随温度的升高缓慢加快。随着反应温度的升高和反应的进行，其反应产物覆盖于氧化剂颗粒的表面，阻碍了氧化还原反应的进一步进行，所以在 190～245℃，反应放热速率很小，且基本保持恒定。当反应温度超过 245℃时，由于氧化剂盐的熔

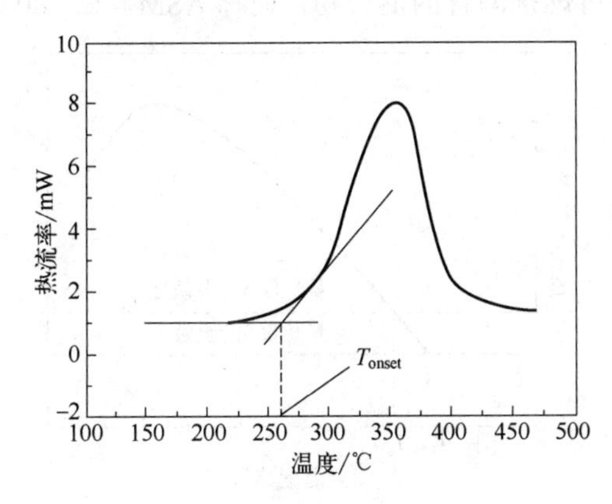

图 4-15 反应放热开始温度确定方法图例

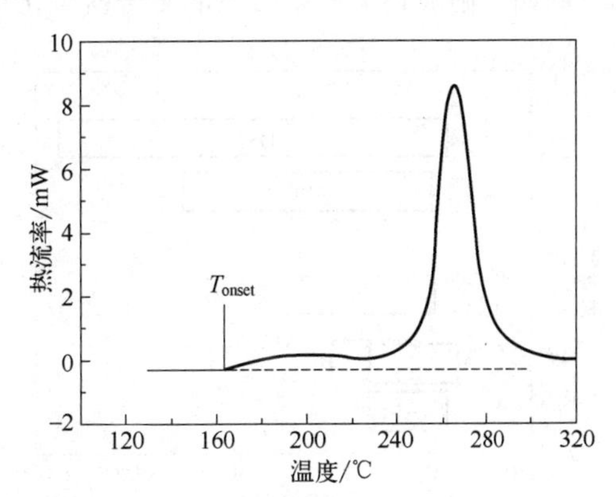

图 4-16 某可燃剂与氧化剂的混合物的热流率与温度的关系

解，其反应由固-液表面反应变成液-液均相反应，随温度的升高反应速率呈指数增加。即在160～245℃的温度范围内该混合物不仅发生了物理相变，即盐的熔解，而且发生了化学反应机理的变化，从固-液表面反应机理转变成液-液均相反应机理。所以，很难用放热曲线的切线与基线的交叉点所对应的温度来表示其反应放热开始温度。鉴于上述原因，也有很多研究者用放热曲线偏离基线某一微小值时所对应的温度来表示反应放热开始温度。

4.4.2 热分析仪的灵敏度对反应放热开始温度的影响

由于化学物质的 T_{onset} 是一个表观参量，它与所用测定仪器的灵敏度及实验条件等有关。通常只有当一个化学反应的热流率大于所用热分析仪的可测灵敏度阈值时，其放热现象才能被该仪器检测出来。对于不同的热分析仪，由于其使用目的不同，其灵敏度阈值相差很大。对同一化学物质，由于所用的测试仪器的不同，所得到的反应放热开始温度也会相差较大。通常对于一个遵守阿伦尼乌斯规则的放热化学反应，所用的热分析仪的灵敏度越高，测得的反应放热开始温度就越低。

图4-17表示了一些常用热分析仪的测试灵敏度范围以及可测温度范围。通常仪器的可测温度范围越大，其可测灵敏度阈值就越低。在常用的一些热分析仪中，DSC的可测温度范围最大，一般为室温～800℃，有些高温DSC的可测温度范围可达1500℃左右，所以其灵敏度最差。ARC可测温度范围为室温～500℃，故其灵敏度略高于DSC。C80微量量热仪的灵敏度较DSC和ARC高许多，可测温度范围为室温～300℃，大部分化学物质能在此温度范围内测量。Micro-DSC、MS80等的灵敏度虽然很高，但其可测温度范围较窄，所以其实用性受到了一定的限制。

由热分析仪测得的反应放热开始温度 T_{onset} 与所用热分析仪灵敏度之间的关系示意见图4-18。对于那些遵守阿伦尼乌斯规则的化学反应，其反应放热开始温度与所用测试仪器的灵敏度之间有一定的内在规律可循，基本可用如图4-18所示的外推法来估测由不同灵敏度的热分析仪测得的反应放热开始温度。但对那些反应机理非常复杂的化学反应就没有这样的规律。例如，硝酸钠、亚硝酸钠的复合盐氧化剂与可燃剂沥青的混合物，简称ASM，在180℃

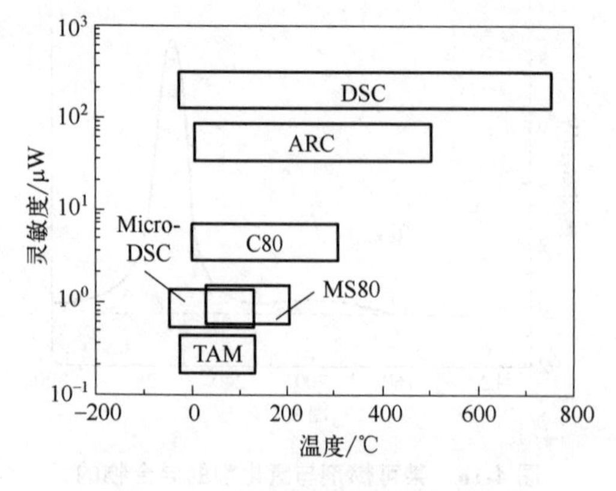

图4-17 各种量热仪的灵敏度和可测温度范围

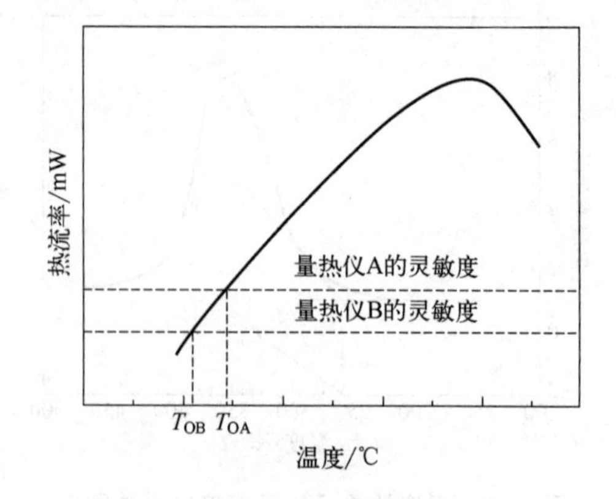

图4-18 量热仪灵敏度和反应放热开始温度关系示意

下装填于220L的柏油桶后20h，由于硝酸盐与沥青之间的氧化还原反应所造成的热累积而发生了火灾爆炸事故，由于其反应机理非常复杂，在它的反应初始阶段和反应过程中不仅有物理的相变，而且还发生了化学反应机理的变化。对这样的化学物质就不能用外推法来估测其反应放热开始温度。

用DSC测得的同物质的热流率曲线见图4-19。用加速度量热仪ARC测得的同物质的自加速升温速率与温度的关系曲线见图4-20。

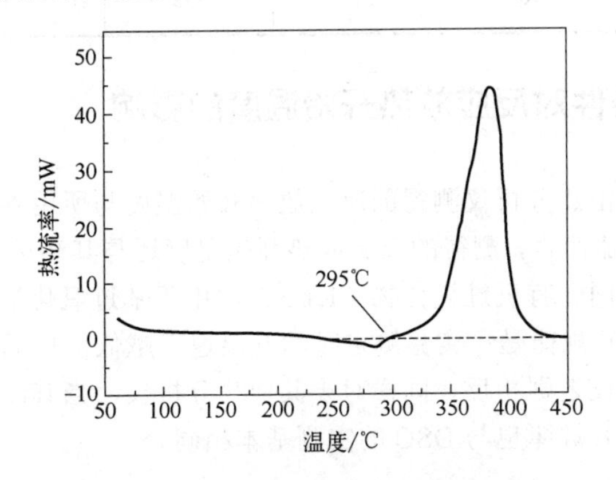

图4-19　DSC测得的ASM的热流率曲线

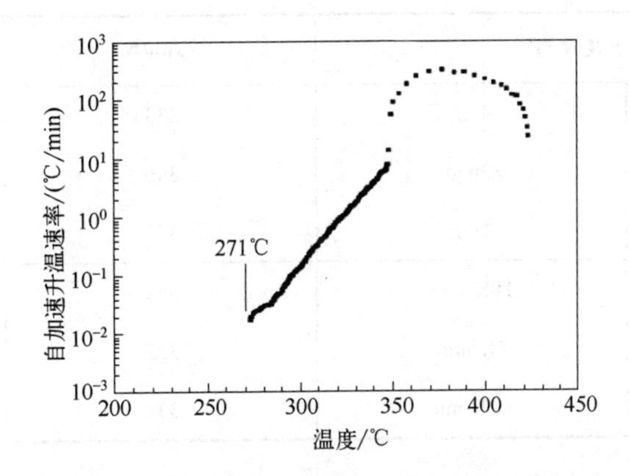

图4-20　ARC测得的ASM的自加速升温速率曲线

图4-19的实测结果表明，虽然被测样品相同，但用DSC却不能探测到它在低温下的反应放热现象，它所测的反应放热开始温度是295℃，大大高于C80的实测结果。这主要有以下几个原因：一是由于ASM在低温下为表面氧化还原反应，其反应速率较低，放热现象非常微弱；二是由于DSC的可测灵敏度阈值很低；三是由于DSC的升温速率过快，样品量过少。

与DSC相同，由于ARC可测灵敏度阈值也较C80低，它也不能探测到ASM在低温下的放热现象，它所测得的反应放热开始温度是271℃。很显然，用反应放热开始温度评价其热危险性并不准确，由于所用测试仪器的灵敏度不同，实测结果相差非常大。

表4-3是不同量热仪测得的ASM的反应放热开始温度。由表4-3的结果可知，对于同一种化学物质，由于所用的测试仪器不同，实验测得的反应放热开始温度相差很大。很显然对于某些化学物质，用反应放热开始温度评价其热危险性并不准确。特别是ASM这类在反应

初期具有物理的相变和化学反应机理变化的化学物质，DSC 以及 ARC 的评价结果给出了错误的结论，测得的反应放热开始温度远高于实际事故发生时的温度。

表 4-3 不同量热仪测得的 ASM 的反应放热开始温度

热分析仪种类	C80	ARC	DSC	备注
反应放热开始温度/℃	161	271	295	热自燃事故发生温度 180℃

4.4.3 测试条件对反应放热开始温度的影响

上面的实验表明，由热分析仪测得的反应放热开始温度与所用热分析仪的灵敏度有密切关系。对于同一测试仪器而言，测得的反应放热开始温度还与其测试条件有关。普通 DSC 在不同测试条件下测得的同一有机过氧化物（1,1,3,3-四甲丁基过氧化氢）的反应放热开始温度和比反应热见表 4-4。其规律是：实验测定时的升温速率越低，样品量越大，所测得的反应放热开始温度就越低，反之则相反。同样对于其他热分析仪，当其测试的条件不同时，所得实验结果也略有不同，其规律也与 DSC 的实测基本相同。

表 4-4 不同测试条件得到的反应放热开始温度和比反应热

样品量和升温速率		T_{onset}/K	Q_r'/(J/g)
升温速率 10K/min	4mg	333	1420
	2mg	340	1440
	1mg	345	1360
样品量 2mg	10K/min	342	1402
	5K/min	332	1372
	2.5K/min	331	1451

4.5 化学物质的自加速分解温度

关于化学物质的 SADT 的求解方法，目前主要有实验测定法和推算法两种。实验测定法是通过测定标准包装或模拟标准包装的化学物质的反应放热特性来确定其 SADT。一般以标准包装或模拟标准包装的化学物质在一周内，在某一环境温度下，自反应放热使其温度升高而超过环境温度某一特定值时的最低环境温度来表示。推算法是利用热分析实验手段，测定化学物质在不同温度下的反应放热特性或自加速升温特性，求出该化学物质的化学反应动力学特性和热力学特性，再推算该物质在特定包装材料和尺寸下的 SADT。本节主要对化学物质的 SADT 的实测方法进行介绍。

4.5.1 联合国推荐的自加速分解温度实测方法

关于化学物质的 SADT 的求解方法，联合国危险货物分类、运输协调专家委员会向人们推荐了四种实用的测定方法。它们是：①美国式实验法；②绝热储存实验法；③等温储存实验法；④蓄热储存实验法。这四种测定方法的共同特点是：实验时所用的试剂量较大；获取一个数据所需的实验时间长。下面就四种化学物质的 SADT 的测定方法进行介绍。

（1）美国式实验法

美国式实验法是测定在特定包装下化学物质安全储藏与运输的温度。具体测定方法是将商业包装品放在一个等温炉内，判断标准是被测样品发生自加速分解而刚好破坏包装物及刚好不破坏包装物时的温度。具体的判断准则是要求特定包装内的样品的温度与环境的差值在超过 168h（7 天）的实验时间内必须小于等于 6℃。自分解恰好发生时的温度就是被测样品的 SADT。

美国式实验法的实验装置主要由恒温检测室和控制记录系统组成。其恒温检测室的简图见图 4-21。恒温检测室内含有可控制加热和冷却的装置，它们可以使被测包装物周围的环境温度保持均匀。被测化学物质在测试过程中的温度变化用反应桶中安装的热电偶来进行检测。

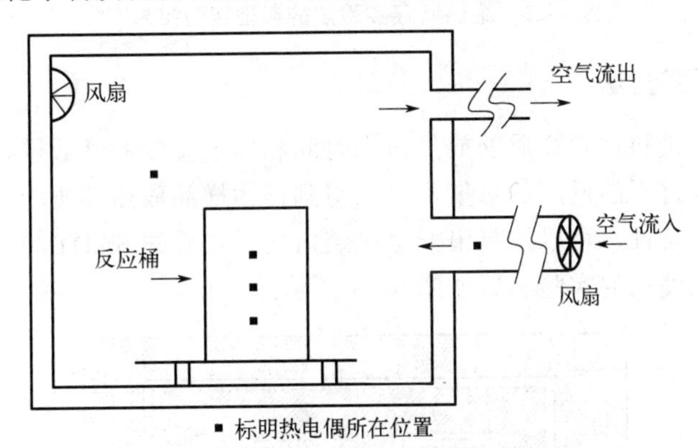

图 4-21 美国式实验法实验装置简图

实验方法如下，首先根据被测样品的物理化学特性和反应特性，如一般根据被测样品的仪器热分析的初步结果，选定一个初始实验温度。被测样品一般为 25kg 标准包装，由于被测试剂量很大，此实验方法有可能破坏测试实验室。从事该测定的实验室必须考虑实验过程可能发生的各类危险情况，如出现明火、由分解反应而生成的有毒气体的扩散以及由热累积而导致的自燃和热爆炸等。

（2）绝热储存实验法

绝热储存实验法是测定物质由于温度影响发生反应或分解而产生的热量。实验方法是在 1.5L 杜瓦瓶内装填 1L 的化学物质，记录该物质在杜瓦瓶内由于自反应放热随时间的延续而上升的温度，由此得到反应放热量的参数，再根据被测包装的传热数据，计算出被测化学物质的 SADT。

实验装置包括杜瓦瓶和可控加热炉，加热炉的作用是使杜瓦瓶外环境的温度与杜瓦瓶内被测物质的环境温度一致。杜瓦瓶内安装的热电偶用来监测被测样品的温度。

对容器热惯量效应进行标定后，由特定包装下热损失量与温度的函数计算出不可逆温度 T_{NR}，再减去5℃就得出该化学物质的SADT。

用绝热储存实验法测得的某一氧化剂和可燃剂的混合物的实验结果见图4-22。

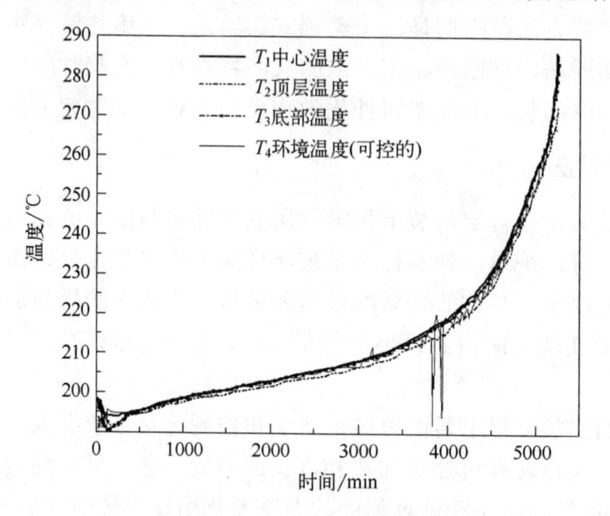

图 4-22 绝热储存实验法的典型实验结果[29]

（3）等温储存实验法

等温储存实验法是将化学物质的放热作为时间和恒定温度的函数进行研究。通过测量在不同温度下等温实验过程的反应放热量，可以得到描述样品放热性质的一些参数，使用这些参数以及包装的传热特性，可以推算出一定包装内化学物质的SADT。

等温储存实验法使用的实验装置如图4-23所示。

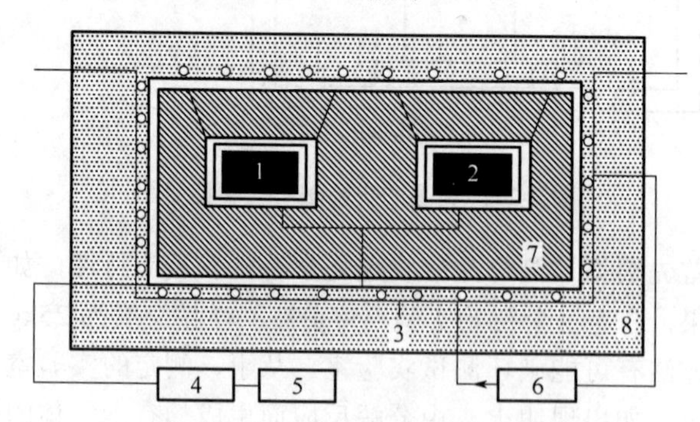

图 4-23 等温储存实验装置示意

1—样品；2—惰性参比物；3—加热丝；4—信号放大器；5—信号记录器；

6—温度控制装置；7—吸热器；8—保温箱壳体

在等温储存实验测试装置中，样品1放置于样品池中，样品池放置在圆柱形的支撑器上，样品池与圆柱形支撑器之间有空气隔层。整个支撑器安放在铝制块状吸热器7中，该吸热器通过周围的加热丝3以及温度控制装置6维持在恒温状态，构成一个恒温冷源。与样品质量相同的惰性参比物2放置在同样尺寸的参比池以及支撑器上，也安放在铝制块状吸热器中。

样品的放热情况由设置在支撑器底部的热流计测量，并经过信号放大器 4 由信号记录器 5 进行记录。整套系统置于填充了玻璃丝的保温箱中。恒温冷源的温度由铂电阻温度计测量。

进行实验前需要对实验设备进行校正。首先将实验装置冷源温度设定在实验温度点，在样品池中加入惰性物质以及加热丝，参比池中放入同样的惰性物质，但不加入加热丝，然后对不同信号衰减进行输入调零，校正不同加热功率下的输出信号。

校正结束后对样品进行实验测定。设置冷源温度后，将样品放入样品池中，将同样质量的惰性参比物放入参比池。通过数据记录器记录样品的放热特性，一般将样品放入吸热器 12h 后开始测量。实验持续时间与实验测得的样品放热峰值相关，放热峰值越高，实验持续时间越短。实验结束后，需要测量样品质量损失。

校正得到的热流计灵敏度如下

$$S=\frac{P}{U_{\mathrm{d}}-U_{\mathrm{b}}} \tag{4-10}$$

式中，S 为热流计灵敏度，$\mathrm{mW/\mu V}$；P 为加热丝功率，mW；U_{d} 为测试加热丝信号，μV；U_{b} 为空白信号，μV。

实验测得的 $\dot{q}_{\mathrm{G}}$ 为

$$\dot{q}_{\mathrm{G}}=\frac{\left(U_{\mathrm{s}}-U_{\mathrm{b}}\right)\times S}{m_{\mathrm{s}}} \tag{4-11}$$

式中，$\dot{q}_{\mathrm{G}}$ 为单位质量样品反应放热率，mW/g；U_{s} 为测试样品信号，μV；m_{s} 为样品质量，g。

热移出速率可以通过测量系统的冷却时间来进行推算或根据已知尺寸和材料特性的包装直接进行计算。将由式（4-11）计算得到的各温度下的 $\dot{q}_{\mathrm{G}}$ 与热移出速率对温度作图，可以得到系统的热平衡曲线，系统产热和移热曲线的切点对应的温度即是不可逆温度。此时，移热曲线和温度坐标轴的交点即为临界环境温度，取整后得到 SADT 的值。

（4）蓄热储存实验法

蓄热储存实验法是由德国材料研究与测试研究所（BAM）开发，被联合国危险货物分类、运输协调专家委员会采纳的一种实验方法。蓄热储存实验法是测定在特定包装和特定实验条件下，热不稳定性物质发生放热分解反应的最小环境温度的方法。该测定方法的可信度取决于所选用的杜瓦瓶的热移出速率是否与实际商业包装中单位质量化学物质的热移出速率基本相等[26]。

图 4-24 为蓄热储存实验法的实验装置简图。该实验装置是将一个 500mL 的杜瓦瓶置于温控为±1℃以内的恒温箱内，为了测定恒温箱及杜瓦瓶内各个部位的试剂温度，装置中共安装了 4 根热电偶，如图 4-24 所示。热电偶 1 安装在杜瓦瓶内侧的底部，用以测定试剂底部的温度变化；热电偶 2 安装在杜瓦瓶的中心位置，用以测定实验过程中试剂中心位置的温度变化规律；热电偶 3 安装在杜瓦瓶的上部，用以测定杜瓦瓶内试剂表面的温度变化规律；热电偶 4 安装在杜瓦瓶附近的空间内，用以测定恒温箱内的温度，即环境温度。

具体的测定方法是将装有 400cm^3 被测物质的杜瓦瓶置于恒温箱内。将恒温箱的温度控制在某一设定值，温度误差应小于±1℃，记录杜瓦瓶内各部位的温度随时间的变化情况，同时也记录恒温箱内的环境温度变化。由该实验确定被测物质的 SADT 的方法是依据该样品在

168h（7 天）期间刚好发生自加速分解反应及恰好不发生自加速分解反应的温度。具体的确定方法因环境温度的不同而不同：当环境温度低于 50℃时，被测样品与环境的温度差约为 5℃时所对应的环境温度即为该物质的 SADT。当环境温度大于 50℃时，被测样品与环境的温度差约为 10℃时所对应的环境温度即为该物质的 SADT。

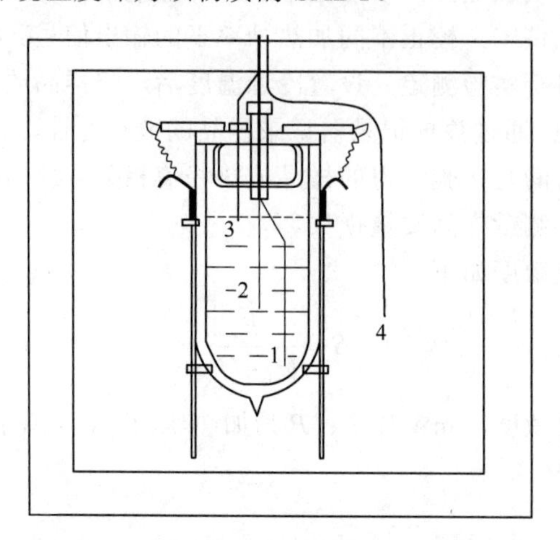

图 4-24　蓄热储存实验法的实验装置简图

1—试剂底部热电偶；2—试剂中心热电偶；3—试剂表面热电偶；4—环境热电偶

用蓄热储存实验法测得的沥青与复合盐的混合物在 170℃时的典型实验结果见图 4-25。由图 4-25 可知，该实验的环境温度虽然在实验的后期稍稍增高，但总体上控制得较好，在规定范围内波动。对于杜瓦瓶内被测样品而言，在实验的初期，样品的温度随时间的延长上升较快，而后随实验时间的延长，样品的升温速率不断降低，当实验时间超过 3000min 时，样品的温度不随实验时间延长而升高。此外，从图 4-25 可以清楚地看到，在实验初期，被测样品内温度基本一致，但随时间的延长，样品中心温度和底部温度将发生变化，中心温度将高于底部温度 1～2℃[30]。

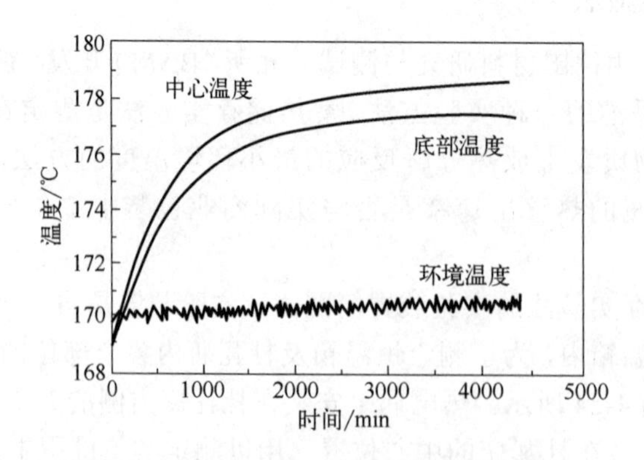

图 4-25　蓄热储存实验法的典型实验结果

4.5.2　自加速分解温度实测方法的缺点

联合国危险货物分类、运输协调专家委员会推荐了四种实用的化学物质的 SADT 的测定方法。虽然它们能很好地反映化学物质在实际的生产、运输、储存及使用过程中的热危险性，但也明显存在如下缺点：

① 实验试剂量大，通常这四种 SADT 的实验测定方法需要试剂量 200～400g。试剂量大，能使实验取样更具有代表性，也可降低实验的相对误差，因此，从某种意义上来讲这些实验测定方法能在一定程度上反映实际情况，测定数据的准确性、可靠性和实用性较强。但是由于化学物质的特性，当实验试剂量较大时，实验测定过程本身有很大的潜在危险性。

② 实验周期长，通常需要几周到几个月才能得到一个数据。因为实验时设定的初始环境温度不一定就是所要求的该物质的 SADT，因此，实验时要用升降法进行多次试验。

③ 由于试剂量大，实验过程中被测物质分解，可能会产生大量的有毒、有害气体，这不仅对测试人员的健康不利，对环境也有一定污染。

④ 另外，即使对同一种物质，采用不同的实验方法得到的实验结果有时也有很大的差别。

鉴于上述原因，如何用较少试剂，在短时间内得到较精确的 SADT 数据受到人们的广泛关注。为此，许多专家学者试图利用热分析仪器，如 ARC、DSC 进行小药量实验，根据测得的化学物质的热分解曲线来推算该物质的 SADT。这方面的研究虽然取得了一定的成果，但对一些自催化加速分解化学物质、反应机理非常复杂的氧化剂和可燃剂的混合物，很难得到正确的结论。

4.5.3 反应放热开始温度与自加速分解温度的关系

用 DSC 测得的过氧化二叔丁基、四甲基丁基过氧化氢等一些有机过氧化物的反应放热开始温度 T_{onset} 与实测 SADT 的关系见图 4-26。由图 4-26 可知，对于上面所选的几种有机过氧化物，测得的反应放热开始温度与 SADT 之间具有良好的线性关系。将图 4-26 中的数据进行线性回归后可得如下关系式

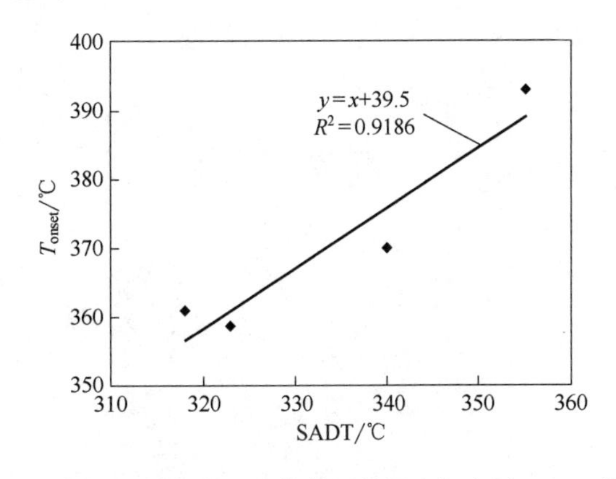

图 4-26 由 DSC 测得的反应放热开始温度与实测 SADT 的关系

$$T_{onset} \approx SADT + 39.5 \tag{4-12}$$

式中，T_{onset} 为热流率曲线开始偏离基线点时对应的温度。

由图 4-26 的结果可以认为，反应放热开始温度在一定程度上能定性或半定量地评价化学物质的热危险性。但要指出的是反应放热开始温度虽然是表征化学物质自身化学性质的一个

参量，但所测得的数值不仅与被测化学物质有关，还与实验条件以及所用测试仪器的特性参数有关。另外，式（4-12）并不适用于所有的化学物质，当化学物质的反应机理较为简单并符合阿伦尼乌斯规则时才有如式（4-12）所示的关系式。当一个反应的反应机理很复杂时，用 T_{onset} 来评价化学物质的热危险性并不妥当，有时会出现很大的误差，见表 4-3。所以，必须注意用反应放热开始温度判断评价化学物质的热危险性具有一定的局限性。

思考题

1．常用的热分析仪器有哪些？它们的用途分别是什么？
2．物质的热危险性的表征参数及各自的优缺点是什么？
3．反应放热开始温度的影响因素有哪些？
4．自加速分解温度的测试方法有哪些？存在的缺点是什么？
5．简述表观活化能的概念。

第5章

化学反应热安全评估的模型与方法

本章主要介绍化学物质安全分析与评估、化学物质热安全评估模型、化学反应热安全评估模型及化学反应热安全评估的程序。

5.1 化学物质安全分析与评估

5.1.1 影响化学物质安全的特征结构因素

这里主要讨论危险性较大的易燃易爆化学物质。易燃易爆化学物质的危险特性与其分子结构间的关系较为复杂，从基团和结构参数角度揭示影响危险特性的特征结构因素及其影响规律较为困难。同时，化学物质的危险特性包括易燃性、易爆性、热不稳定性，需要从化学物质不同危险特性角度分别揭示其不同特征结构因素，明确特征结构因素对危险特性的影响程度及规律。

（1）化学物质危险特性的特征结构影响基团及其致灾机理

针对硝基化合物、有机过氧化物等典型危险化学物质，爆炸性化合物特有的爆炸性基团以及易形成过氧化物基团的特征危险性基团分别见表5-1和表5-2[5]。表5-1中的基团大多具有较弱的键且可放出较大能量，因此具有上述基团的化合物在较低温度下就开始反应，放出大量热量使温度上升，导致火灾和爆炸。表5-2中的基团具有弱的C—H键及易引起活性聚合的双键，因此具有上述基团的化合物易与空气中的氧发生反应，形成不稳定的有机过氧化物。

特征基团的类型、数目及排列方式等对化学品的结构危险性存在协同作用机制。以硝基芳香含能化合物冲击感度为例，芳环上—NH_2和—NO_2基团是影响硝基芳香含能化合物冲击感度的特征基团；氨基能减弱苯环上硝基的吸电子作用，增加分子稳定性；硝基是强吸电子基团，降低分子稳定性，硝基越多，稳定性越差，并列或集中排列都可使稳定性降低。芳香性指数、分子内活泼氢原子的质子化程度以及分子对称性是决定冲击感度的特征结构因素。苯环大π键的超共轭结构使其比一般链式结构更稳定。分子内活泼氢原子质子化程度越大，越容易发生转移，稳定性越低。对于同类含能化合物，具有对称结构的分子稳定性一般较好。

表 5-1　典型爆炸性基团

基团	分类	基团	分类	基团	分类
$-C{\equiv}C-$	乙炔衍生物	$-O-O-M$	金属过氧化物	$-C{\equiv}C-M$	乙炔金属盐
$>CN_2$	重氮化合物	$>C-C<$（O 桥连）	1,2-环氧乙烷	$>C-N{=}N-C<$	偶氮化合物
$>N-NO_2$	*N*-硝基化合物（硝胺）	$>C-O-NO_2$	硝酸酯或硝酰	$>C-O-O-C<$	过氧化物，过氧酸酯

表 5-2　典型易形成过氧化物的基团

基团	分类	基团	分类	基团	分类
$>CH-O$	缩醛类、酯类、环氧	$-\underset{H}{C}{=}O$	醛类	$>C{=}\underset{H}{C}-\underset{H}{C}{=}C<$	二烯类
$>C{=}\underset{H}{C}-$	乙烯化合物（单体、酯）	$>C{=}\underset{H}{C}-X$	卤代链烯类	$>C{=}C-\overset{H_2}{C}-$	烯丙基化合物

（2）化学物质危险特性的特征结构影响因素及其作用机制

化学物质的燃爆危险特性一般包括闪燃、自燃和爆燃三个方面。其中，分子的大小、形状以及分子的氢键效应等是决定化工物料闪燃危险性的特征结构因素。分子越小，支化程度越高，分子中元素差异程度越大，都会导致化学物质闪燃危险性的增加；分子中氢键形成的可能性越大，其闪燃危险性越低；脂肪酯类物质所包含的酯基越多，其闪燃危险性越大；与氢键效应相比，分子的大小和形状等空间结构特征对化学物质闪燃危险性的影响更为显著。

分子的静电效应和空间效应是决定化学物质自燃危险性的特征结构因素。分子支化程度越高，原子电负性及分子活性越小，自燃危险性越小；芳香性分子的自燃危险性一般小于同碳原子数的脂肪分子；对于含酮基类或脂肪醚类物质，分子中酮基或醚基越多，其自燃危险性越大。

分子的大小、形状等空间效应和静电效应是决定化学物质爆燃危险性的特征结构因素。分子复杂度越高，体积越大，支化程度越低，爆炸下限增大，爆燃危险性降低。分子复杂度对化学物质爆炸下限的影响较分子体积和形状更为显著，分子静电效应对化学物质爆炸下限的影响程度较空间效应低。分子越大，原子极化率越高，爆炸上限浓度减小，爆燃危险性降低；分子参与偶极-偶极、偶极-诱导偶极相互作用的能力越强，爆燃危险性越大。分子大小对化学物质爆炸上限的影响较静电效应更为显著。

（3）自反应性化学物质热危险性的特征结构影响因素及其作用机制

自反应性化学物质一般包括有机过氧化物、硝基化合物等，其热危险性衡量参数一般包括反应放热开始温度（T_{onset}）、自加速分解温度（SADT）等。分子的大小、体积以及复杂度等空间效应是决定自反应性物质热危险性的特征结构因素，活性基团 R—O—O—R 数量是影响其热危险性的特征基团。分子越小，分子体积越大，分子复杂度越高，反应放热开始温度（T_{onset}）越低，热危险性越大。分子大小对自反应性化学物质热敏感性的影响较分子体积和复杂度更为显著。有机过氧化物中活性基团 R—O—O—R 数量越多，反应放热开始温度越低，热危险性越大。同时，有机过氧化物分别存在自反应致灾和热致灾两种不同的结构致灾机理。自反应致灾，即过氧基自分解致灾；热致灾，即过氧基受热分解致灾（图 5-1）[31]。

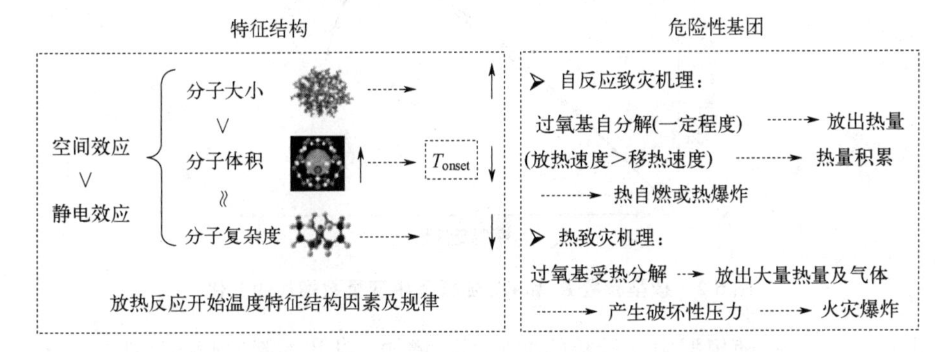

图 5-1　有机过氧化物热危险性的特征结构因素及结构致灾机理

5.1.2　化学物质危险特性的定量预测

易燃易爆化学物质危险特性实验测试难，基础数据缺乏，有必要基于定量构效关系（quantitative structure-activity relationship，QSAR）进行研究，从分子结构角度建立根据分子结构信息预测其危险特性的定量预测模型与方法。

5.1.2.1　化学物质微观分子结构特征的定量描述

如何实现化学物质分子结构的定量描述，尽可能全面精确地表征微观分子结构特征，是定量构效关系研究中的难点问题。一方面，综合考虑分子中基团的特性及其连接性，即化学键，提出基团键贡献法，能够同时表征基团和化学键等信息并有效区分同分异构体。另一方面，以电性拓扑状态指数为基础，考虑原子所受分子环境的影响，提出改进原子类型电性拓扑状态指数（electrotopological state index，ETSI），能够同时表征原子的电子性质和拓扑性质。两种分子描述符成功应用于化学品闪点、自燃点、燃烧热及撞击感度等危险特性的定量构效关系研究，实现了微观分子结构特征的定量描述。

5.1.2.2　特征结构描述符的优化筛选

如何在实现分子结构的量化描述后，从众多的分子结构参数中实现特征变量选择与模型优化，用尽可能少的描述符表征尽可能多的结构信息，是定量构效关系研究中的关键。

一方面，结合遗传算法（genetic algorithm，GA）的全局优化搜索能力和多元线性回归（multiple linear regression，MLR）简便直观的建模能力，提出兼具变量筛选及模型优化性能的改进 GA-MLR 组合算法，其适应度函数综合考虑模型的拟合效果和预测能力且可自由调节所占比例，具有较强的准确性。相关研究表明，在 MLR 建模时，随着模型中变量的增加，模型的拟合能力会随之增加，拟合效果的表征参数 R^2（判定系数）不断增加逐渐接近于 1；

而模型预测能力的表征参数 Q_{cv}^2（交互验证相关系数）则先增加后减小。图 5-2 给出了它们随模型复杂度增加而变化的一般规律。

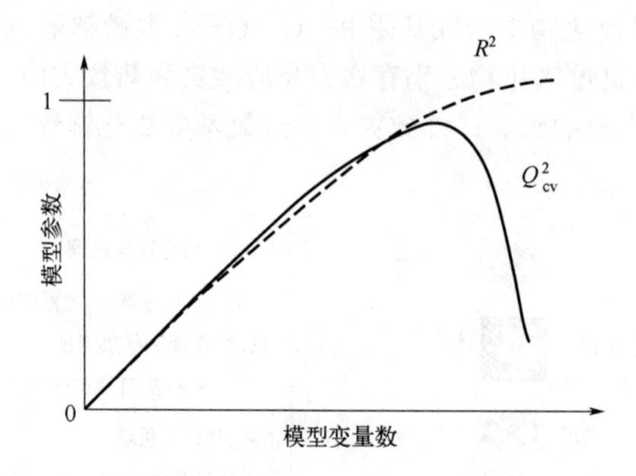

图 5-2 模型参数 R^2 和 Q_{cv}^2 随模型中变量数增加的变化

由图 5-2 可知，R^2 随模型中变量数的增加不断增加，以其为判据倾向于选择过多的变量，常会导致模型的“过拟合”；而 Q_{cv}^2 随模型中变量数的增加先增加后降低，有一个择优的过程，因此可以根据其变化趋势选择合适的变量数。目前许多研究者建议使用交互验证得到的 Q_{cv}^2 作为评价 MLR 模型性能的判据。但在实际研究中发现，某些情况下模型的 Q_{cv}^2 刚开始时并不随着变量数的增加而增大，而是呈现与图 5-2 不同的变化规律。这样，就很难根据 Q_{cv}^2 的变化趋势选定模型中应包含的变量数，对模型的评价也无从谈起。

因此，综合考虑模型的拟合效果和预测能力，提出了一种新的模型性能评价参数[5]，其具体定义为

$$\overline{Q}^2 = \frac{m+n}{\dfrac{m}{R^2} + \dfrac{n}{Q_{cv}^2}} \tag{5-1}$$

式中，R^2 为模型判定的复相关系数，用于表征 MLR 模型的拟合能力，Q_{cv}^2 为模型交互验证的复相关系数，用于表征 MLR 模型的预测能力；m 和 n 是可调节性参数，用于调节 R^2 和 Q_{cv}^2 在 $\overline{Q}^2$ 中所占的比例，其取值范围为 0.5～1.5。

改进 GA-MLR 算法的优势主要体现在：

① 结合了遗传算法 GA 的全局优化搜索能力和 MLR 简便直观的建模能力，具有较好的变量选择及模型优化效果。

② 其采用的适应度函数综合考虑了模型的拟合效果和预测能力，并使它们相互协调，从而可以根据适应度值的变化趋势来确定模型中应包含的变量数，同时克服传统算法适应度函数对模型评价存在偏失而往往得不到综合效果好的最佳模型的缺陷。

③ 其采用的适应度函数可以方便地调节拟合效果和预测能力在该参数中所占的比例，满足不同研究者的不同需求。

另一方面，结合遗传算法 GA 的全局优化搜索能力和支持向量机（support vector machine，SVM）强大的非线性拟合能力，提出全面描述化学品危险特性与分子结构间非线性关系的 GA-SVM 组合算法[32]，实现对变量的非线性筛选，具有优异的预测及泛化能力。

GA-SVM 算法将 GA 与 SVM 相结合，以 GA 进行变量选择，以 SVM 进行非线性回归建

模。其中，GA 的具体实施需要以下四个步骤：染色体的编码、初始化操作、染色体适应度的计算和遗传操作。在这四个步骤中，初始化操作和遗传操作是通用的，而染色体的编码和适应度的计算则根据具体的研究对象而定。

（1）染色体编码和适应度的确定

① 染色体的编码和形成　针对一个具体问题，应用 GA 的难点之一是设计一种完美的编码方案。因此根据变量选择问题的特点，采用二进制编码，把样本中的每个结构参数表示为一个 0、1 代码，样本所包含的结构参数数目就是 GA 中染色体的长度。每个染色体代表一个特征子集。在优化过程中，如果二进制编码的某一位代码为 1，则表示这一位代码所代表的结构参数被选中，否则这一位所代表的结构参数就被去除。如图 5-3 所示，自变量 X 是 1 个 $m\times n$ 维的矩阵，每个个体含有 n 个二进制代码，分别与 D_1～D_n 分子结构参数相对应。因此，根据编码规则，由第 i 个个体的染色体结构可以确定其对应的自变量 X_i，其示意见图 5-3。

第i个个体的染色体结构

1　0　1　…　1　1　0

(n个二进制编码)

D_1　D_2　D_3　…　D_{n-2}　D_{n-1}　D_n

(n个分子结构参数)

$$\text{自变量：}X=\begin{bmatrix} X_{1,1} & X_{1,2} & X_{1,3} & \cdots & X_{1,n-2} & X_{1,n-1} & X_{1,n} \\ X_{2,1} & X_{2,2} & X_{2,3} & \cdots & X_{2,n-2} & X_{2,n-1} & X_{2,n} \\ X_{3,1} & X_{3,2} & X_{3,3} & \cdots & X_{3,n-2} & X_{3,n-1} & X_{3,n} \\ X_{m,1} & X_{m,2} & X_{m,3} & \cdots & X_{m,n-2} & X_{m,n-1} & X_{m,n} \end{bmatrix} m\text{个样本}$$

⇩

$$\text{第}i\text{个个体对应的自变量：}X_i=\begin{bmatrix} X_{1,1} & X_{1,2} & \cdots & X_{1,n-2} & X_{1,n-1} \\ X_{2,1} & X_{2,2} & \cdots & X_{2,n-2} & X_{2,n-1} \\ X_{3,1} & X_{3,2} & \cdots & X_{3,n-2} & X_{3,n-1} \\ X_{m,1} & X_{m,2} & \cdots & X_{m,n-2} & X_{m,n-1} \end{bmatrix}$$

图 5-3　个体染色体结构示意

② 染色体适应度的确定　GA 算法在求解问题时从多个解开始，然后通过一定法则进行逐步迭代以产生新的解，在该过程中，个体的适应度值起了至关重要的作用。GA 算法中度量个体适应度值的函数称为适应度函数，它是演化过程的驱动力，也是进行自然选择的唯一依据。

在 GA-SVM 算法中，每个个体的适应度值就是 SVM 模型的预测能力。目前对 SVM 预测能力的评价还没有统一标准。因此采用如下方法对模型的预测能力进行评价。

在 SVM 建模过程中，首先根据 GA 选择出来的特征子集及其对应的因变量重建样本集，然后选取其中的部分样本作为训练集，其余样本作为测试集，利用训练集建立定量构效关系（QSPR）模型，再将测试集代入模型中，计算模型的预测值。然后根据式（5-2），求出预测值与目标值间的平均方差，作为 GA 中第 i 个个体的适应度值。

$$f(y,\dot{y})=\sum_{i=1}^{n}(y-\dot{y})^2/n \tag{5-2}$$

式中，$f(y,\dot{y})$ 为适应度函数；y 为目标值，$\dot{y}$ 为模型预测值，n 为预测样本数。

（2）GA-SVM 算法流程

GA-SVM 算法的具体步骤如下：

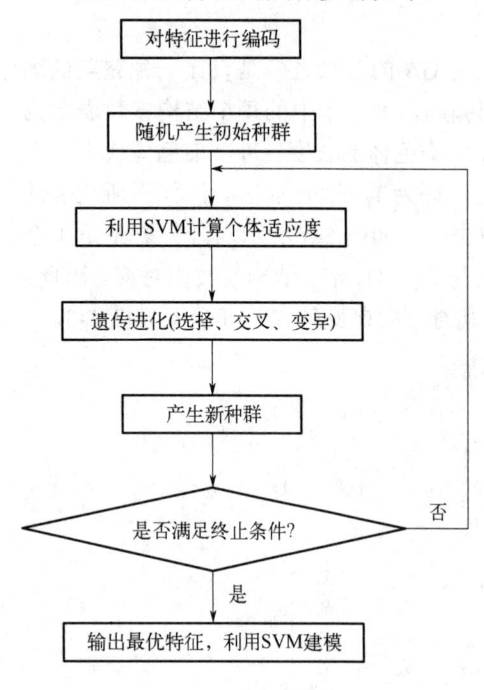

图 5-4 GA-SVM 算法流程

① 对特征（自变量）进行编码；

② 用随机方法来初始种群，指定最大遗传代数、交叉率和变异率；

③ 利用 SVM 根据式（5-2）计算种群各个个体的适应度值，用轮盘赌选择法从当前种群中选择出优良的个体，使它们随机两两配对；

④ 根据指定的交叉率，对以上各对染色体进行交叉处理；同时，根据指定的变异率对染色体进行变异处理，从而生成新个体，与父代保留个体组成子代种群；

⑤ 如果循环终止条件满足，则算法结束，否则转到第③步；

⑥ 输出最优个体对应的最优自变量，利用 SVM 建立相应的定量构效关系模型。

GA-SVM 算法的计算流程见图 5-4。

（3）GA-SVM 算法的优势

GA-SVM 组合算法在理论上具有许多明显优点。首先，该算法以 SVM 为基础，能较好地解决小样本、非线性、过拟合、维数灾难和局部极小等问题，泛化能力优异；其次，它能够实现对变量的非线性筛选；第三，其所建立的预测模型是纯非线性模型，能够克服传统模型对分子性质与结构间存在的非线性关系描述不足的缺陷，具有较高的预测精度和稳定性。

5.1.2.3 基于分子结构的定量预测模型与方法

在化学物质微观分子结构定量描述与特征结构优化筛选的基础上，提出“排除混合物”和“排除化学品”两种模型评价验证方法，结合“平均影响值法”和“描述符重要度分析法”等模型机理解释方法，建立了化学物质定量结构-危险特性相关性研究体系，有效解决模型全面性、评价验证及机理解释等关键问题。应用该体系分别针对液态烃、醇、醛、酮、醚、酸、卤代烷、有机过氧化物等 10 类典型危险化学物质的自燃温度、爆炸极限、闪点、热分解温度、燃烧热、最小点火能量、静电感度等 12 种危险特性参数，建立了线性、非线性和混合性等理论预测模型，实现了根据分子结构预测化学物质危险特性的功能，解决了危险特性基础数据缺乏的难题，应用于易燃易爆化学物质风险评估及化工过程优化模拟与监测预警[5]。

5.1.3 化学物质安全分析与评估

易燃易爆化学物质的固有风险由事故概率与事故后果两方面组成，首先需要确定其权重及综合风险分级标准。同时，化学物质的热危险性又分为热分解危险性及动态热失控危险性两个方面，需要有效区分并合理评估。

上述研究中，建立的基于危险特性参数的易燃易爆化学物质固有风险综合评估指标及风险判别准则能实现易燃易爆化学物质固有风险的快速精确评估与分级，提出的易燃易爆化学物质热分解危险性及动态热失控危险性综合风险评估指数与方法可实现化学物质热危险性的全面评估，提出的化学物质综合评估指数可实现易燃易爆化学物质固有安全风险的全面、可靠和有效评估。这里主要介绍基于危险特性参数的化学物质固有风险评估指数。从危险特性参数角度，分别提出化学物质闪燃、自燃、爆炸等固有安全风险评估指数与分级方法。

（1）爆炸品爆炸危险性综合评估指数与分级方法

综合考虑爆炸品热感度、撞击感度、摩擦感度、冲击波感度 4 种感度参数，建立爆炸品综合感度特征值，表示爆炸品的爆炸可能性。将爆热换算成 TNT 当量系数作为爆炸品爆炸能量输出的表征参数，表征爆炸品爆炸后果的严重度，建立爆炸危险性综合评估指数 ERI，ERI 的值越小，爆炸危险性就越小。

随后，采用等区间划分方法将爆炸危险性按 ERI 值初步划分为 5 个等级，即低危险性 ERI＜2.4，中危险性 2.4≤ERI＜4.8，高危险性 4.8≤ERI＜7.2，很高危险性 7.2≤ERI＜9.6，极高危险性 ERI≥9.6，再采用非线性模糊处理模型，即效益型指标模型对五个等级进行修正，使特征值区间划分更合理。修正后的危险性等级见表 5-3。

表 5-3　爆炸危险性综合评估指数 ERI 分级标准

分级	1	2	3	4	5
ERI 指数	＜1.55	1.55～3.43	3.43～5.74	5.74～8.56	＞8.56
爆炸危险性	低	中	高	很高	极高

随后，采用等区间划分方法分别将综合感度特征值 α 和 TNT 当量系数划分为五个等级，同样根据非线性模糊处理模型分别对 5 个等级进行修正，获得爆炸危险可能性和严重度分级标准，分别见表 5-4 和表 5-5。将爆炸品的综合感度，即爆炸危险可能性从小到大用大写英文字母 A、B、C、D、E 表示，输出能量，即爆炸危险严重度从小到大用小写英文字母 a、b、c、d、e 表示。例如，某种爆炸品送检，检测机构测出各种感度和输出能量参数，经综合评估后，报出试验结果为 Eb，则表示该爆炸品较敏感，但输出能量不大。爆炸品的综合感度及其输出能量组成的风险矩阵见图 5-5。

表 5-4　爆炸危险可能性分级标准

综合感度特征值 α	0～1.289	1.289～2.862	2.862～4.785	4.785～7.132	7.132～10
爆炸危险可能性分级	A	B	C	D	E
爆炸危险可能性大小	低	中	高	很高	极高

表 5-5　爆炸危险严重度分级标准

TNT 当量系数	0～0.232	0.232～0.515	0.515～0.861	0.861～1.284	≥1.284
爆炸危险严重度分级	a	b	c	d	e
爆炸危险严重度大小	低	中	高	很高	极高

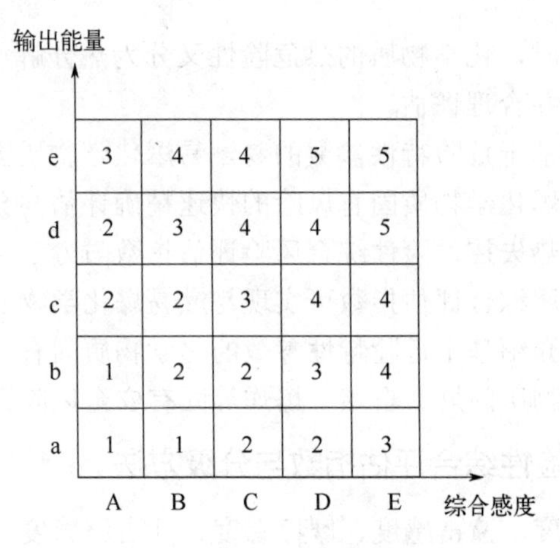

图 5-5 爆炸危险性风险矩阵图

结合综合感度与输出能量，将爆炸危险性评估等级分为五个等级，见表 5-6。

表 5-6 爆炸危险性风险矩阵图分级标准

爆炸危险性等级	范围
1（危险性较小）	Aa；Ab；Ba
2（危险性中）	Ac；Ad；Bb；Bc；Ca；Cb；Da
3（危险性高）	Ae；Bd；Cc；Db；Ea
4（危险性很高）	Be；Cd；Ce；Dc；Dd；Eb；Ec
5（危险性极高）	De；Ed；Ee

（2）易燃液体闪燃危险性综合评估指数与分级方法

综合考虑闪点即温度指标，爆炸危险度即浓度指标和饱和蒸气压即压力指标，作为易燃液体闪燃可能性表征参数，采用熵权法获得三个指标参数的权重分别为 0.6137、0.2390、0.1473，定义可能性指数 PI 为

$$\mathrm{PI}=0.6137f_1(x_1)+0.2390f_2(x_2)+0.1473f_3(x_3) \tag{5-3}$$

式中，$f_1(x_1)$为闪点的无量纲化值；$f_2(x_2)$为爆炸危险度的无量纲化值；$f_3(x_3)$为闪点下饱和蒸气压的无量纲化值。

采用燃烧热作为易燃液体闪燃严重度的表征参数，定义严重度指数 SI 为

$$\mathrm{SI}=f_4(x_4) \tag{5-4}$$

式中，$f_4(x_4)$为燃烧热的无量纲化值。

随后，建立基于风险的易燃液体闪燃危险性综合评估指数 FRI=PI×SI，FRI 值越大，易燃液体闪燃危险性越大。采用等区间划分方法将闪燃危险性按 FRI 值初步划分为 5 个等级，即低危险性 FRI＜0.08，中危险性 0.08≤FRI＜0.16，高危险性 0.16≤FRI＜0.24，很高危险性 0.24≤FRI＜0.32，极高危险性 FRI≥0.32。然后，采用非线性模糊处理模型，即效益型指标模型对五个等级的分级标准进行修正，使特征值区间划分更合理，修正后的危险性分级标准见表 5-7。

表 5-7　闪燃危险性综合评估指数 FRI 分级标准

分级	1	2	3	4	5
FRI 指数	＜0.052	0.052～0.114	0.114～0.191	0.191～0.285	＞0.285
闪燃危险性	低	中	高	很高	极高

分别将 PI 指数和 SI 指数分为五个等级并根据非线性模糊处理模型对评估指数进行非线性模糊处理。首先采用等区间划分方法将 PI 值初步划分为 5 个等级，即低危险性 PI＜0.2，中危险性 0.2≤PI＜0.4，高危险性 0.4≤PI＜0.6，很高危险性 0.6≤PI＜0.8，极高危险性 PI≥0.8，然后采用非线性模糊处理模型对 PI 值进行修正。使用同样方法对 SI 指数进行修正，修正后的闪燃危险可能性及严重度分级标准分别见表 5-8 和表 5-9。

表 5-8　闪燃危险可能性分级标准

可能性指数 PI	＜0.129	0.129～0.286	0.286～0.478	0.478～0.713	＞0.713
闪燃危险可能性分级	1	2	3	4	5
闪燃危险可能性大小	低	中	高	很高	极高

表 5-9　闪燃危险严重度分级标准

严重度指数 SI	＜0.103	0.103～0.229	0.229～0.383	0.383～0.571	＞0.571
闪燃危险性严重度分级	1	2	3	4	5
闪燃危险性严重度大小	低	中	高	很高	极高

根据上述两个指数的分级标准建立易燃液体闪燃危险性的风险矩阵图，将易燃液体闪燃危险性分成危险性不同的若干区域，根据这些区域将危险性共划分成五个等级：Ⅰ级——低危险性，Ⅱ级——中危险性，Ⅲ级——高危险性，Ⅳ级——很高危险性，Ⅴ级——极高危险性，详见图 5-6。

（3）化学品自燃危险性综合评估指数与分级方法

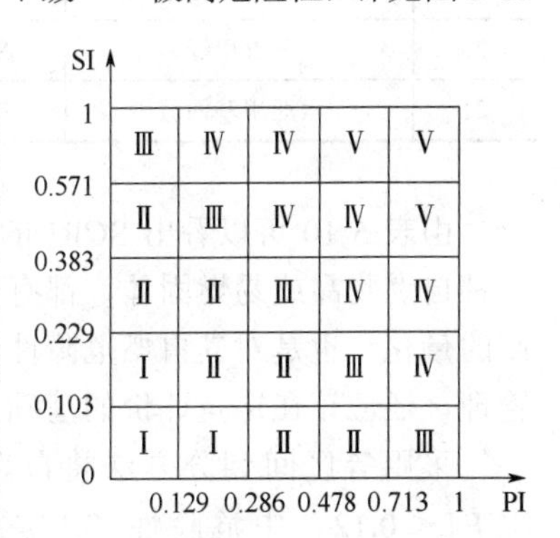

图 5-6　闪燃危险性风险矩阵图

分别将自燃温度与燃烧热作为自燃可能性与后果严重度表征参数，采用半正态分布函数研究样本集，采用统计学中的方法寻找特征点来构造指标标准化函数。对于自燃温度，选取表 5-10 中 21 种危险物质自燃温度数据的最小值 220K、中间值 523K 和最大值 833K 作为降半正态标准化函数特征点，同理燃烧热的升半正态标准化函数特征点分别为 296.8kJ/mol、4942.0kJ/mol 和 8531.0kJ/mol。对两个指标参数进行标准化处理，并分别定义自燃温度标准化值为自燃危险可能性指数 $PI=e^{-0.00000079474(AIT-21.9482)^{2.2213}}$，燃烧热的标准化值作为自燃危险性严重度指数 $SI=1-e^{-0.00000047435(-\Delta H_c+722.4939)^{1.6853}}$，其中，AIT 为自燃温度，$\Delta H_c$ 为燃烧热。

在此基础上，建立化学品自燃危险性综合评估指数（SCRI），其公式如下

$$SCRI=PI\times SI=e^{-0.00000079474(AIT-21.9482)^{2.2213}}\times[1-e^{-0.00000047435(-\Delta H_c+722.4939)^{1.6853}}] \qquad (5\text{-}5)$$

SCRI 综合反映易燃固体与自燃物品的自燃危险性大小，SCRI 的值越小，自燃危险性越小。各易燃固体和自燃物品的综合评估指数 SCRI 的计算结果见表 5-10。

表 5-10　自燃危险性评估指标与综合评估指数

序号	名称	类别	自燃温度/K	燃烧热/(kJ/mol)	PI	SI	SCRI
1	三乙基铝	自燃物品	220	4820.2	0.901	0.620	0.559
2	三甲基铝	自燃物品	251	2984.1	0.870	0.388	0.338
3	三异丁基铝	自燃物品	277	8531.0	0.838	0.899	0.753
4	白磷	自燃物品	307	2387.0	0.798	0.306	0.244
5	连二亚硫酸钠	自燃物品	523	4942.0	0.494	0.533	0.263
6	2,4,6-三硝基苯酚	易燃固体	573	2558.0	0.377	0.329	0.124
7	重氮氨基苯	易燃固体	761	6384.0	0.154	0.770	0.119
8	2,4,6-三硝基甲苯	易燃固体	649	3295.9	0.273	0.430	0.117
9	硝化棉/硝化纤维素	易燃固体	443	1365.5	0.585	0.170	0.099
10	三硫化（四）磷	易燃固体	597	3677.0	0.342	0.481	0.165
11	1,2,4,5-四甲苯	易燃固体	700	5506.4	0.213	0.692	0.147
12	2-甲基萘	易燃固体	771	5582.9	0.145	0.699	0.101
13	萘	易燃固体	813	4980.9	0.113	0.547	0.062
14	1-甲基萘	易燃固体	802	5595.8	0.121	0.701	0.085
15	咔唑	易燃固体	786	5935.6	0.133	0.732	0.097
16	苊	易燃固体	812	6001.4	0.114	0.738	0.084
17	硫黄	易燃固体	633	296.8	0.293	0.096	0.028
18	2-莰酮	易燃固体	739	5551.0	0.174	0.696	0.121
19	2,2,3,3-四甲基丁烷	易燃固体	833	5063.9	0.100	0.646	0.065
20	三聚甲醛	易燃固体	687	1383.8	0.227	0.172	0.039
21	六亚甲基四胺	易燃固体	663	3936.0	0.255	0.514	0.131

由表 5-10 可以看出 SCRI 的取值大部分集中在 0～0.6 之间，个别 SCRI 值大于 0.6。每一种自燃物品或易燃固体，都有一个对应的 SCRI 数值，这个数值是对其自燃危险性危险程度的量化，也是对其自燃危险性的真实反映。但是，为了实现对危险物质自燃危险性的科学管理，还应该在定量评价的基础上进行合理的分级。

采用等区间划分方法将自燃危险性按 SCRI 值初步划分为 5 个等级，即低危险性 SCRI＜0.12，中危险性 0.12≤SCRI＜0.24，高危险性 0.24≤SCRI＜0.36，很高危险性 0.36≤SCRI＜0.48，极高危险性 SCRI≥0.48。采用非线性模糊处理模型，即效益型指标模型对评估指数 5 个等级进行修正，修正后的危险性等级见表 5-11。

表 5-11　自燃危险性综合评估指数分级标准

分级	1	2	3	4	5
SCRI 指数	＜0.077	0.077～0.171	0.171～0.287	0.287～0.428	＞0.428
自燃危险性	低	中	高	很高	极高

分别将 PI 指数和 SI 指数分为五个等级并采用非线性模糊处理模型对评估指数五个等级进行修正，计算得到的自燃危险可能性和严重度分级标准分别见表 5-12 和表 5-13，并根据这两个指数的分级标准建立化学品自燃危险性风险矩阵图，将自燃危险性划分成 5 个等级：Ⅰ级——低危险性，Ⅱ级——中危险性，Ⅲ级——高危险性，Ⅳ级——很高危险性，Ⅴ级——极高危险性，详见图 5-7。

表 5-12　自燃危险可能性分级标准

可能性指数 PI	0～0.129	0.129～0.286	0.286～0.478	0.478～0.713	0.713～1
自燃危险可能性分级	1	2	3	4	5
自燃危险可能性大小	低	中	高	很高	极高

表 5-13　自燃危险严重度分级标准

严重度指数 SI	0～0.129	0.129～0.286	0.286～0.478	0.478～0.713	0.713～1
自燃危险严重度分级	1	2	3	4	5
自燃危险严重度大小	低	中	高	很高	极高

易燃固体和自燃物品由于自燃点低，对热作用敏感，在外部热源或点火源作用下迅速分解或燃烧，并可能释放出一定量的气体，因此容易引发火灾或爆炸事故。焦爱红等[33]利用加速度量热仪，对 6 种易燃固体进行了热稳定性的绝热实验研究，获取它们的反应放热开始温度、最大升温速率、绝热诱导期等表征热稳定性的参数以及绝热放热曲线。用自燃危险性综合评估指数和风险矩阵分级方法对这 6 种易燃固体进行自燃危险性评估，同时将自燃危险性分级方法与这 6 种易燃固体的绝热放热实验测试结果进行比较，见表 5-14。从表 5-14 中可以看出，AIBN 和 Diazald 这两种易燃固体的反应放热开始温度在 6 种物质中最低，容易受热发生分解反应，而 AIBN 的绝热温升、最大压力以及最大压力上升速率相较于其他易燃固体均偏高，其危险性比其他物质高。易燃固体 AC、BSH 和 OBSH 的反应放热开始温度均偏高同时其绝热温升、最大压力和最大压力上升速率比较小，因此这三种易燃固体危险性相对较小，这与自燃危险性综合评估指数和风险矩阵分级方法具有较好的一致性。

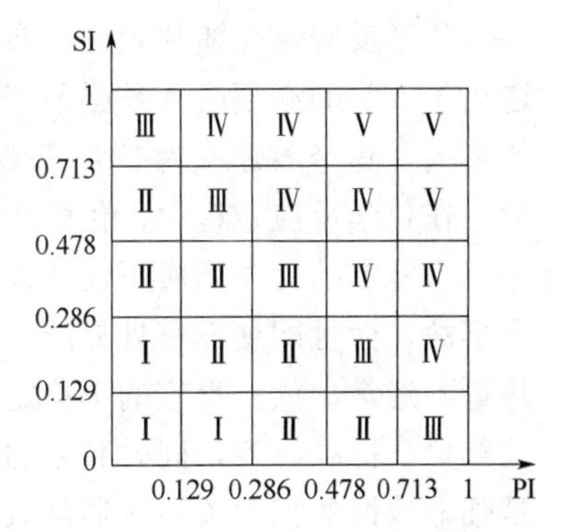

图 5-7　自燃危险性风险矩阵图

表 5-14　几种易燃固体物质的放热特性及其自燃危险性评估

样品名称		偶氮二甲酰胺（AC）	偶氮二异丁腈（AIBN）	苯磺酰肼（BSH）	4,4′-氧代双苯磺酰肼（OBSH）	赛璐珞（Celluloid）	*N*-甲基-*N*-亚硝基对甲苯磺酰胺（Diazald）
焦爱红等绝热放热实验方法	反应放热开始温度/℃	148.47	68.01	106.5	144.87	121.31	66.02
	绝热温升/℃	30.91	65.76	65.6	56.03	77.78	58.83
	最大压力/MPa	2.61	5.434	1.319	1.492	7.422	1.27
	最大压力上升速率/(MPa/min)	1.538	23.169	0.776	5.146	9.381	0.205

续表

样品名称		偶氮二甲酰胺（AC）	偶氮二异丁腈（AIBN）	苯磺酰肼（BSH）	4,4′-氧代双苯磺酰肼（OBSH）	赛璐珞（Celluloid）	*N*-甲基-*N*-亚硝基对甲苯磺酰胺（Diazald）
自燃危险性综合评估指数与风险矩阵分级方法	自燃温度/K	557	470	561	579	463	433
	燃烧热/(kJ/mol)	1090.0	3689.8	2696.6	2223.3	1365.5	2405.5
	SCRI	0.055	0.260	0.138	0.104	0.094	0.185
	自燃危险性分级	1	3	2	2	2	3
	风险矩阵分级	Ⅱ	Ⅳ	Ⅲ	Ⅱ	Ⅲ	Ⅳ

5.2 化学物质热安全评估模型

5.2.1 热安全性概述

化学反应常伴随热效应，有的为放热反应，有的为吸热反应。利用化学反应的热效应来造福于人类的必要条件是必须能控制该类反应。何时使反应开始，何时结束，反应的规模需要多大，热释放速率为多大等都必须能有效控制。一旦这类反应失控，往往会酿成灾难性事故。在化学反应过程中，化学物质的稳定性对反应安全条件的选择起着重要作用。

不稳定的化学物质不仅在外界能量，如热能、冲击能等作用下容易发生火灾、爆炸等安全事故，而且即便没有外界能量的作用，在自然储存的条件下也可能会发生化学反应，放出热量。通常，放热反应的不稳定性往往表现为热量不能平衡，放热反应在反应过程中不断释放热量，提高温度，同时和它的周围环境发生热量传递。由于热量产生的速率和温度的关系是强非线性的指数关系，通常取 Arrhenius 关系式，而热量移出的速率和温度的关系通常是接近线性或线性的关系，例如 Newton 冷却定律。一旦系统产生的热量不能够全部从系统中传递出去，系统就会出现热量的积累，使系统的温度有所上升。这就是热平衡的破坏，或称为热失衡。热失衡的结果，是热产生速率随着温度的提高呈指数增加，释放更多的热量，热失衡更加恶化，系统里出现更多的热量积累，温度进一步提高，如此循环，整个系统处于自加热状态。因此，这个过程称为自热过程，相应的系统称为自热系统。如果自热过程未被控制，势必使系统达到温度很高的状态，一旦超过物料的分解温度，极易导致系统的热自燃或热爆炸，即反应热失控。

5.2.2 热失控临界判据理论模型

从化学动力学的观点看，所有的化学反应热失控都是由缓慢反应突然变成快速反应，这种现象是否发生存在临界拐点，称为临界点。由临界点的物理定义出发，推导出来的数学表达式，称为临界条件。由临界条件，经数学运算而得到系统的物理、化学和热参数量值，称为（热）失控判据或（热）爆炸临界判据。热失控临界判据发展至今，主要包含了如下四类：第一类是基于温度变化轨迹的热失控临界判据模型；第二类是基于参数敏感性的热失控临界判据模型；第三类是基于系统散度的热失控临界判据模型；第四类是基于热点雅克比矩阵迹的热失控临界判据模型。以下就对这四种临界判据进行介绍。

（1）基于温度变化轨迹的热失控临界判据模型

基于温度变化轨迹的热失控临界判据模型主要包括Semenov模型、Thomas和Bowes（TB）判据、Adler和Enig（AE）判据、Van Welsenaere和Froment（VF）判据。其中最经典的是Semenov热失控临界判据模型。

Semenov模型是一个理想化的模型，它主要适用于气体反应物、具有流动性的液体反应物或是导热性非常好的固体反应物。该模型的假设是：体系内温度均匀一致，不具有任何温度梯度，各处的温度均为T，且体系的温度大于环境初始温度T_0，体系和环境的温度是不连续的，有温度突跃。体系与环境的热交换全部集中在体系的表面。

如果一个体系内的温度分布可用Semenov模型来描述，那么该体系内的温度分布可用图5-8来表示。在实际反应过程中，要达到Semenov模型所提出的各点温度均匀是很难的，但是由于Semenov模型处理问题比较简单，较易被接受。许多科学家也对Semenov模型进行了研究，并且证实了不少实际系统可用这种均温假设来处理。

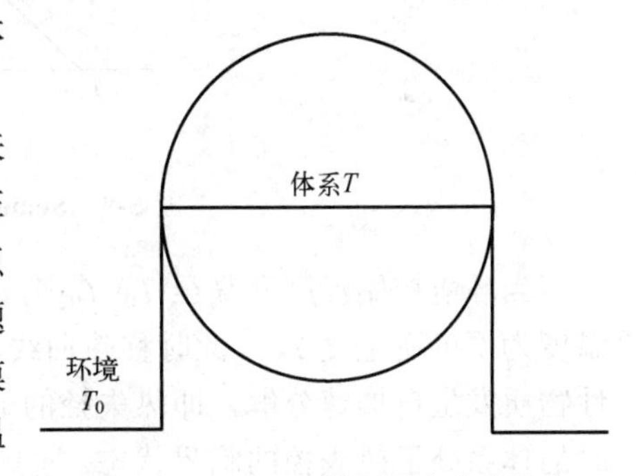

图5-8 Semenov模型温度分布示意

质量为m_s的反应物组成的体系，体系的温度为T时的质量反应速率表达式为

$$-\frac{\mathrm{d}m_s}{\mathrm{d}t}=m_s^n A\exp\left(-E_a/RT\right) \tag{5-6}$$

式中，m_s为反应物的质量；n为反应级数；A是指前因子；E_a是活化能；R是摩尔气体常量；T是热力学温度。

如果单位质量反应物的反应放热量为Q_r'，则体系的反应放热速率为

$$q_{rx}=\frac{\mathrm{d}Q}{\mathrm{d}t}=Q_r' m_s^n A\exp\left(-E_a/RT\right) \tag{5-7}$$

由于Semenov模型所描述的体系内温度均一，体系与环境的热交换全部集中在表面，体系向环境的热移出速率为

$$q_{ex}=US(T_0-T) \tag{5-8}$$

式中，U为表面传热系数；S为表面积；T_0为环境初始温度；T为体系温度。

那么该体系的热平衡方程为

$$m_{s0}c_p\frac{\mathrm{d}T}{\mathrm{d}t}=Q_r' m_s^n A\exp\left(-E_a/RT\right)-US\left(T-T_0\right) \tag{5-9}$$

式中，c_p为反应性化学物质的比热容。

将式（5-7）对温度作图可得如图5-9所示的q_{rx}曲线，将式（5-8）对不同环境初始温度

T_{01}、T_{02}、T_{03}作图可得如图 5-9 所示的q'_{ex}、q_{ex}、q''_{ex}三条直线。图 5-9 是 Semenov 模型下的体系的热平衡示意图。当环境初始温度$T_0=T_{01}$时，产热曲线和移热曲线有两个交点A和B，体系处于稳定状态。

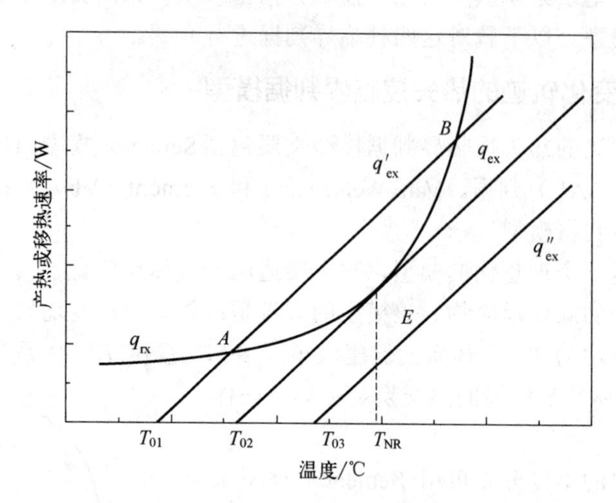

图 5-9　Semenov 模型下的体系的热平衡示意

当环境初始温度升高至$T_0=T_{02}$时，产热曲线和移热曲线有一个切点E，该切点所对应的温度为不可逆温度T_{NR}。此时移热曲线与温度轴的交点所对应的环境初始温度T_{02}即为自反应性物质发生自加速分解，即热失控的最低环境初始温度，亦称自加速分解温度（SADT）。此时的体系处于热失控的临界状态。也就是说，只要当环境初始温度略小于T_{02}，体系将处于稳定状态，只要当环境初始温度略大于T_{02}，体系将不断升温直至发生热失控或热爆炸。当环境初始温度$T_0=T_{03}>T_{02}$时，永远有$q_{rx}>q_{ex}$，体系经不断升温直至发生热失控或热爆炸。

进一步对 Semenov 模型下的热平衡方程进行分析，得到发生热失控的临界条件，即当环境初始温度升高至$T_0=T_{02}$时，产热曲线和移热曲线有一个切点E，E点所对应的温度为T_{NR}，此时的体系处于临界状态。在切点E处有

$$Q'_r m_s^n A\exp\left(-E_a / RT_{NR}\right)=US\left(T_{NR}-T_0\right) \tag{5-10}$$

将式（5-10）两边对T_{NR}进行微分，得

$$Q'_r m_s^n A\exp\left(-E_a / RT_{NR}\right)\left(\frac{E_a}{RT_{NR}^2}\right)=US \tag{5-11}$$

将式（5-10）和式（5-11）相除，得

$$\frac{RT_{NR}^2}{E_a}=T_{NR}-T_0 \tag{5-12}$$

式（5-12）为一元二次方程，其解为

$$T_{NR}=\frac{E_a}{2R}\pm\frac{E_a}{2R}\left(1-\frac{4RT_0}{E_a}\right)^{1/2} \tag{5-13}$$

对于得到的两个解，应当取较小的那个根。因为对于大多数具有热失控特性的反应性化学物质，T_0通常不超过 1000K，活化能E_a通常大于 160kJ/mol，因此其RT_0/E_a均很小，通常

不超过 0.05。如果取较大的那个根，则 T_{NR} 的值会达到 10000K 以上。因此应当取较小的那个根，则式（5-13）为

$$T_{NR} = \frac{E_a}{2R} - \frac{E_a}{2R}\left(1 - \frac{4RT_0}{E_a}\right)^{1/2} \tag{5-14}$$

由于 RT_0/E_a 的数值较小，故可以用级数展开的方法求其近似解

$$\begin{aligned} T_{NR} &= \frac{1-\left(1-4RT_0/E_a\right)^{1/2}}{2R/E_a} = \frac{2R/E_a\left[T_0 + \left(RT_0^2/E_a\right) + 2\left(R^2T_0^3/E_a^2\right) + \cdots\right]}{2R/E_a} \\ &= T_0 + RT_0^2/E_a + 2R^2T_0^3/E_a^2 + 5R^3T_0^4/E_a^3 + \cdots \end{aligned} \tag{5-15}$$

通常由于 $RT_0/E_a \approx 0.05$ 较小，可以忽略第三项及以后的各项，则

$$T_{NR} = T_0 + RT_0^2/E_a \tag{5-16}$$

由此而造成的误差为

$$\frac{2R^2T_0^3/E_a^2 + 5R^3T_0^4/E_a^3 + \cdots}{T_0 + RT_0^2/E_a} \times 100\% = \frac{2\left(RT_0/E_a\right)^2 + 5\left(RT_0/E_a\right)^3 + \cdots}{1 + RT_0/E_a} \times 100\% \approx 0.5\%$$

发生热失控的临界温差为

$$\Delta T_{cr} = T_{NR} - T_0 \approx RT_0^2/E_a \tag{5-17}$$

式（5-17）可作为反应物体系是否会发生热失控的临界判据。如果反应物体系的升温大于临界温差，即满足式（5-18）时，体系将发生热失控；反之，热失控则不会发生。

$$\Delta T > \Delta T_{cr} \approx RT_0^2/E_a \tag{5-18}$$

由于 $\Delta T_{cr} \approx RT_0^2/E_a$，对于不同的环境初始温度 T_0 及反应性化学物质的活化能 E_a，体系发生热失控前的升温将不同，ΔT_{cr} 不会很大，一般不会超过几十开尔文。例如，当 $T_0 = 700K$、$E_a = 150kJ/mol$ 时，$\Delta T_{cr} = 27.2K$。再如，当 $T_0 = 720K$，$E_a = 250kJ/mol$ 时，$\Delta T_{cr} = 17.2K$。由此可见，$\Delta T_{cr}/T_0 = RT_0/E_a$ 的值应该比较小，一般在百分之几的范围。

（2）基于参数敏感性的热失控临界判据模型

基于温度变化轨迹的热失控临界判据是根据操作参数不断变化条件下反应温度随时间或转化率的几何特征，这类判据最大的不足是无法给出反应温度对操作参数的敏感程度。因此，有学者提出采用参数敏感度来描述反应温度对操作参数的敏感程度。Bilous 和 Amudson[34]首次提出了反应系统参数敏感度的概念，指出当操作参数处于参数敏感区域时，操作参数的微小变化将引起反应温度的急剧变化，但是并没有给出明确的热失控临界判据的数学表达式。此后，大量学者展开了进一步研究，主要形成了三种热失控临界判据模型[35-39]，即 Morbidelli 和 Varma（MV）判据、Vajda 和 Rabitz（VR）判据、Strozzi 和 Zaldivar（SZ）判据。

① Morbidelli 和 Varma（MV）判据　Boddington 等结合参数敏感性的概念和热爆炸理论的思想，定义了反应峰值温度 T_{peak} 对 Semenov 数 ψ 的一阶导数，当一阶导数达到最大值时对应临界 Semenov 数 ψ_{cr}，即

$$\frac{dT_{peak}}{d\psi} = \max \tag{5-19}$$

当 $\psi<\psi_{cr}$ 时，反应系统处于参数不敏感状态，当 $\psi>\psi_{cr}$ 时，反应系统处于热失控或参数敏感状态。

此后，Morbidelli 和 Varma 在此基础上进一步提出了标准敏感度的概念

$$S_{\phi}^{*}=\frac{\phi}{T_{peak}}\left(\frac{\partial T_{peak}}{\partial \phi}\right) \tag{5-20}$$

式中，ϕ 代表操作参数，如 Semenov 数、反应热、反应级数、活化能、初始温度等。临界操作参数对应于 S_{ϕ}^{*}-ϕ 曲线的最大值点，并采用数值计算反推出临界操作参数。标准敏感度的数值大小反映了反应温度对操作参数的敏感度。常把 MV 判据称为通用判据。

② Vajda 和 Rabitz（VR）判据　Vajda 和 Rabitz 根据 MV 判据的研究思路，通过在温度轨迹的最大值处施加一小扰动，观察小扰动的发展，指出当扰动发展到最大值时所对应的初始条件为临界初始条件。Vajda 和 Rabitz 通过分析扰动方程雅克比矩阵特征值的实部与反应系统参数敏感性的关系，建立了基于雅克比矩阵特征值最大实部的热失控临界判据。VR 判据可以根据矩阵最大实部值的大小较直观反映反应温度对操作参数的敏感度。

③ Strozzi 和 Zaldivar（SZ）判据　Strozzi 和 Zaldivar 提出了基于混沌理论的热失控临界判据，混沌行为最本质的特征是非线性系统对初始条件的极端敏感性。如果系统是混沌的，只要初始条件有微小的变化，系统演变的轨线就会以指数速度分离，即随着时间的推移，混沌运动将把初始条件的微小变化迅速放大，初始条件敏感性常用的特征量是 Lyapunov 指数。Strozzi 和 Zaldivar 采用局部 Lyapunov 指数来计算间歇式反应系统的参数敏感度

$$S_{\phi}^{*}=\frac{\Delta \max\limits_{t} 2^{\left[\lambda_1(t)+\lambda_2(t)+\cdots+\lambda_n(t)\right]t}}{\Delta \phi} \tag{5-21}$$

式中，λ 为 Lyapunov 指数，当 S_{ϕ}^{*} 达到极值时的操作参数 ϕ 对应于临界操作参数。

（3）基于系统散度的热失控临界判据模型

Strozzi 和 Zaldivar[40,41]等通过进一步考察 Lyapunov 指数与反应系统散度的关系，定义反应热失控出现的临界条件：div＞0。该判据又称为散度判据（divergence criterion，div 判据），系统散度为

$$\operatorname{div}F\left[x(t)\right]=\frac{\partial F_1\left[x(t)\right]}{\partial x_1}+\frac{\partial F_2\left[x(t)\right]}{\partial x_2}+\cdots+\frac{\partial F_n\left[x(t)\right]}{\partial x_n} \tag{5-22}$$

对于 n 级化学反应系统，系统散度为物料与能量平衡方程对各自变量，即反应温度、转化率的偏导数之和

$$\operatorname{div}F(T,\alpha)=\frac{\partial\left(\frac{\mathrm{d}T}{\mathrm{d}t}\right)}{\partial T}+\frac{\partial\left(\frac{\mathrm{d}\alpha}{\mathrm{d}t}\right)}{\partial \alpha}=(1-\alpha)^{n-1}\exp\left(\frac{T}{1+T/\gamma}\right)\left[\frac{B(1-\alpha)}{(1+T/\gamma)^2}-n\right]-\frac{B}{\psi} \tag{5-23}$$

（4）基于热点雅克比矩阵迹的热失控临界判据模型

蒋军成等对物料及能量守恒方程积分求解，在反应系统进入参数敏感区域前，操作参数在一定范围内的波动不会引起热点的显著变化，可以认为热点是稳定的，在此反应条件下反应系统的操作是稳定的[42]。而达到临界值之后，反应系统呈现完全不同的热行为，反应系统

热点温度会突然急剧升高，这种温度突变是瞬间完成的，此时反应系统瞬间放出的热量超出了反应系统的移热能力，温度急剧升高导致反应速率在瞬间呈指数增加，如图5-10所示。因此，临界操作参数将反应系统分为两个性质截然不同的区域：参数非敏感区和参数敏感区，也称为反应稳定区和反应热失控区。

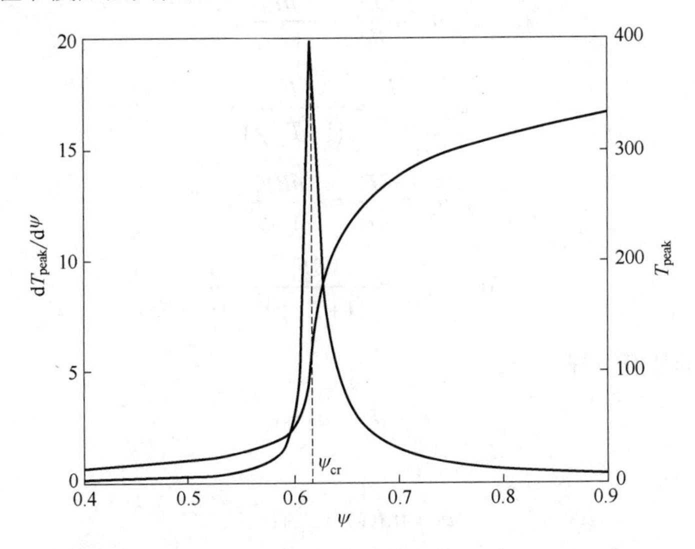

图5-10 热点温度及热点梯度随Semenov数的变化历程

从数学角度来看，参数敏感点是数学上的奇点，分析奇点稳定性的常用方法是小扰动分析。小扰动分析法是把描述化学反应系统动态行为的非线性微分方程组在平衡点附近作局部线性化处理，通过系统矩阵的性质用线性系统理论来分析系统在小扰动下的稳定性方法。Rabitz 等首次将该思想应用到反应系统的参数敏感性上，并分析了扰动方程与反应参数敏感性的关系，蒋军成等以此为出发点，采用小扰动分析，提出基于热点雅克比矩阵迹的热失控临界判据（Jacobian matrix criterion），简称 J-M 判据。

考察 n 维非线性微分方程组，由物料守恒和能量守恒方程组构成

$$\frac{\mathrm{d}y(t)}{\mathrm{d}t}=\boldsymbol{F}\left[y(t)\right] \tag{5-24}$$

式中，$y(t)=[y_1(t),y_2(t),\cdots,y_n(t)]$，$\boldsymbol{F}=[\boldsymbol{F}_1,\boldsymbol{F}_2,\cdots,\boldsymbol{F}_n]$为 y 的连续可微函数。若把 y 看成运动质点M在时间 t 的坐标，$\boldsymbol{F}$ 看作是速度向量，则式（5-24）为质点M的运动方程。

系统受到小扰动时，系统的变化规律可以用线性系统的动态特性来描述。为了分析反应系统演化的动态特性，将原动态方程在系统平衡点采用局部线性化处理，引入线性扰动方程

$$\frac{\mathrm{d}\delta y}{\mathrm{d}\tau}=\boldsymbol{J}(y)\delta y \qquad \delta y(0)=\delta y_0 \tag{5-25}$$

式中，$y=[y_1 y_2]=[\alpha T]$，$\delta y=0$ 为扰动方程的常数解，称为平衡点或稳定点。在平衡点的邻域内，原非线性微分方程可以由线性方程来近似。研究反应系统的参数敏感性转化为研究系统在平衡点 $\delta y=0$ 的邻域内操作参数的变化引起平衡点的变化。通常有两种情况：一是平衡点是稳定的，经过小扰动后重新回到平衡点，系统恢复到稳定状态，此时平衡点为局部稳定点；

二是扰动后系统不会回到平衡点，微小的扰动导致系统出现很大的波动，平衡点附近的扰动随时间呈指数增加，此平衡点为不稳定点。

$\boldsymbol{J}(y)$是雅克比矩阵。其每个元素为 $a_{ij}=\partial \boldsymbol{F}_i/\partial y_j$，根据式（5-25）有

$$a_{11}=\frac{\partial \boldsymbol{F}_1}{\partial \alpha}=-\frac{n\boldsymbol{F}_1}{1-\alpha}$$

$$a_{12}=\frac{\partial \boldsymbol{F}_1}{\partial T}=\frac{\boldsymbol{F}_1}{(1+T/\gamma)^2}$$

$$a_{21}=\frac{\partial \boldsymbol{F}_2}{\partial \alpha}=-\frac{nB\boldsymbol{F}_1}{1-\alpha}$$

$$a_{22}=\frac{\partial \boldsymbol{F}_2}{\partial T}=\frac{B\boldsymbol{F}_1}{(1+T/\gamma)^2}-\frac{B}{\psi} \tag{5-26}$$

雅克比矩阵的特征方程

$$\lambda^2-a_1\lambda+a_2=0 \tag{5-27}$$

式中

$$a_1=\mathrm{tr}\boldsymbol{J}(y)=a_{11}+a_{22}$$

$$a_2=\det\boldsymbol{J}(y)=a_{11}a_{22}-a_{12}a_{21} \tag{5-28}$$

随着反应的进行，$y(\tau)$随时间 τ 变化，因此雅克比矩阵并不是一个常数矩阵。雅克比矩阵行列式的值为

$$\det\boldsymbol{J}(y)=\frac{nB\exp\left(\dfrac{T}{1+T/\gamma}\right)(1-\alpha)^{n-1}}{\psi} \tag{5-29}$$

在整个反应过程中 $0\leqslant\tau\leqslant\infty$，$0\leqslant\alpha\leqslant1$，因此 $\det\boldsymbol{J}(y)>0$。

雅克比矩阵的迹

$$\mathrm{tr}\boldsymbol{J}(y)=(1-\alpha)^{n-1}\exp\left(\frac{T}{1+T/\gamma}\right)\left[\frac{B(1-\alpha)}{(1+T/\gamma)^2}-n\right]-\frac{B}{\psi} \tag{5-30}$$

从式（5-30）可以看出，雅克比矩阵的迹的表达式与 Strozzi 等提出的散度判据表达式一致。

根据前面分析可以看出，反应系统呈现参数敏感性的标志是热点温度随操作参数的微小变化出现突变。因此在热点出现时刻 τ_m 施加一小扰动 $\delta y(\tau_m)$，观察 $\tau>\tau_m$ 时扰动的发展。扰动方程将会出现两种情形，一是扰动方程的平衡点 $\delta y=0$ 是稳定的，系统在 $\tau>\tau_m$ 时恢复到稳定轨迹；二是扰动方程的平衡点 $\delta y=0$ 是不稳定的，在 $\tau>\tau_m$ 的某个时刻扰动 $\delta y(\tau_m)$被放大，当扰动被放大到最大时定义为临界值。

考察时刻 τ_m 后非常小的时间间隔$\delta\tau$ ($\delta\tau=\tau-\tau_m$)内，对式（5-25）两边积分有

$$\int_{\tau_m}^{\tau}\frac{\mathrm{d}\delta y}{\delta y}=\int_{\tau_m}^{\tau}\boldsymbol{J}(y)\mathrm{d}\tau \tag{5-31}$$

上述方程左边
$$\int_{\tau_m}^{\tau}\frac{\mathrm{d}\delta y}{\delta y}=\ln\frac{\delta y(\tau)}{\delta y(\tau_m)} \tag{5-32}$$

方程右边
$$\int_{\tau_m}^{\tau}\boldsymbol{J}(y)\mathrm{d}\tau=\int_{\tau_m}^{\tau_m+\delta\tau}\boldsymbol{J}(y)\mathrm{d}\tau\approx\boldsymbol{J}\left[y(\tau_m)\right]\delta\tau\text{（当}\delta\tau\to 0\text{）} \tag{5-33}$$

因此
$$\frac{\delta y(\tau)}{\delta y(\tau_m)}=\exp\left\{\boldsymbol{J}\left[y(\tau_m)\right]\delta\tau\right\} \tag{5-34}$$

两边取行列式
$$\left|\frac{\delta y(\tau)}{\delta y(\tau_m)}\right|=\left|\exp\left\{\boldsymbol{J}\left[y(\tau_m)\right]\delta\tau\right\}\right| \tag{5-35}$$

根据行列式定理，对于任何 $n\times n$ 矩阵 $\boldsymbol{A}$，都有
$$\det\exp(\boldsymbol{A})=\exp(\mathrm{tr}\boldsymbol{A}) \tag{5-36}$$

则式（5-35）可化为
$$\left|\frac{\delta y(\tau)}{\delta y(\tau_m)}\right|=\exp\left\{\mathrm{tr}\boldsymbol{J}\left[y(\tau_m)\right]\delta\tau\right\} \tag{5-37}$$

从式（5-37）可以看出，当 $\mathrm{tr}\boldsymbol{J}\left[y(\tau_m)\right]<0$ 时，$\left|\delta y(\tau)\right|<\left|\delta y(\tau_m)\right|$，即在时刻 τ_m 施加扰动后，扰动会逐步消散，此时的反应系统本质上不存在参数敏感性。当 $\mathrm{tr}\boldsymbol{J}\left[y(\tau_m)\right]>0$ 时，$\left|\delta y(\tau)\right|>\left|\delta y(\tau_m)\right|$，施加的扰动被放大，此时的反应体系存在参数敏感性。当扰动被放大到最大时的操作参数即为临界操作参数，有
$$H_{max}=\left|\frac{\delta y(\tau)}{\delta y(\tau_m)}\right|_{max}=\exp\left\{\mathrm{tr}\boldsymbol{J}\left[y(\tau_m)\right]_{max}\delta\tau\right\} \tag{5-38}$$

也就是当热点雅克比矩阵的迹，即矩阵对角元素之和 $\mathrm{tr}\boldsymbol{J}\left[y(\tau_m)\right]$ 达到最大值时对应的参数值即为临界操作参数。

5.3 化学反应热安全评估

5.3.1 单步反应热安全评估模型

在化工生产中可以利用温度尺度来评价热风险的严重度，利用时间尺度来评价发生失控的可能性。一旦发生冷却故障，温度将从工艺温度（T_p）出发。如果反应混合物中累积了未转化的反应物，则这些未转化的反应物将在不受控的状态下继续反应并导致绝热温升，上升到合成反应的最高温度（maximum temperature for synthesis reaction，MTSR）。在该温度点必须确定是否会发生由二次反应引起的进一步升温。为此，二次分解反应的绝热诱导期 TMR_{ad} 很有用，因为它是温度的函数，从 TMR_{ad} 随温度的变化关系出发，可以寻找一个温度点使 TMR_{ad} 达到一个特定值如 24h 或 8h，对应的温度为 T_{D24} 或 T_{D8}。因为这些特定的时间参数对应于不同的可能性评价等级，从热风险发生可能性的等级分级准则来看，诱导期超过 24h

的可能性属于“低的”级别，少于 8h 的属于“高的”级别。图 5-11 为在不同温度下计算出的 TMR_{ad}，由图 5-11 中可看出 10%（质量分数）的过氧化苯甲酰（BPO）添加 10000×10^{-6} 的铜离子，在 85℃的环境温度下，反应过程会在 25.1h 完成。随着环境温度的提高，反应的时间随之缩短，在 93℃下，反应时间仅为 6.1h。而 MTSR 的计算则需要研究反应物的转化率和时间的函数关系，以确定未转化反应物的累积度 X_{ac}。由此可以得到合成反应的最高温度 MTSR[5,18]

$$\mathrm{MTSR}=T_p+X_{ac}\Delta T_{ad} \tag{5-39}$$

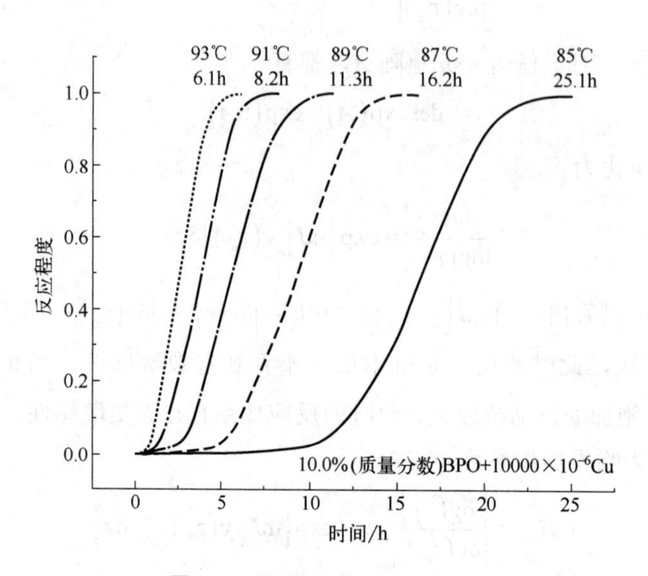

图 5-11　不同温度下的 TMR_{ad}

这些数据可以通过反应量热测试获得。反应量热仪可以提供目标反应的反应热，从而确定物料累积度为 100%时的绝热温升 ΔT_{ad}。对放热速率进行积分就可以确定热转化率和热累积，当然，累积度也可以通过其他测试获得。

除了温度参数 T_p、MTSR 及 T_{D24}，还有另外一个重要的温度参数——设备的技术极限温度 MTT（maximum temperature for technical reasons）。这取决于结构材料的强度、反应器的设计参数，如压力或温度等。在开放的反应体系里，即在标准大气压下，常常把沸点看成是这样的一个参数。在封闭体系中，即带压运行的情况，常常把体系达到压力泄放系统设定压力所对应的温度看成是这样的一个参数。

因此，考虑到温度尺度，对于放热化学反应，以下 4 个温度可以视为反应热风险评价的特征温度。

① 工艺温度（T_p）：目标反应出现冷却失效情形的温度，对于整个失控模型来说，是一个初始引发温度。

② 合成反应的最高温度（MTSR）：假设反应在工艺温度下恒温进行，正常工艺下整个合成过程温度是近似不变或变化幅度在可控范围内的。一旦中间发生热失控，合成温度就会偏离预定曲线，发生明显的升温。绝热条件下合成反应达到的最大温度称为 MTSR。这个温度本质上取决于未转化反应物料的累积度。因此，该参数强烈地取决于工艺设计。

③ 二次分解反应的绝热诱导期为 24h 的温度（T_{D24}）：这个温度取决于反应混合物的热

稳定性。

④ 技术极限温度（MTT）：对于开放体系而言即为沸点，对于封闭体系是最大允许压力，即安全阀或爆破片设定压力对应的温度。

根据这 4 个温度参数出现的不同次序，可以对工艺热风险的危险度进行分级，对应的危险度指数为 1～5 级，如图 5-12 所示。该指数不仅对风险评价有用，对选择和确定足够的风险降低措施也非常有帮助。

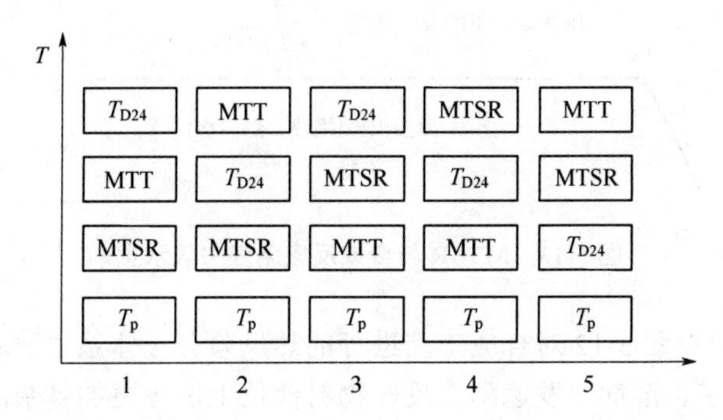

图 5-12 根据 T_p、MTSR、T_{D24} 和 MTT 四个温度水平对危险度分级

如果合成反应的最大温度达到物料的起始分解温度，还会引发二次分解反应，通常分解反应比合成反应更剧烈，产气更多，温度压力上升更快，爆炸风险更高。绝热环境下，任意温度达到最大反应速率之间的时间差称为绝热诱导期 TMR_{ad}，这是时间对温度的函数，可以理解为当发现控温失效、体系温度已上升到某一温度 T 时，人为干预并终止最坏情形发生所拥有的时间长短。MTSR 对应的 TMR_{ad} 则与绝热条件下合成反应结束后样品进一步分解的可能性相关。工艺温度对应的 TMR_{ad}，可以理解为从冷却失控发生时间起，人工处理并终止最坏情形发生所拥有的时间长短。图 5-13 为 MTSR 与合成反应温控失效示意图。图 5-13 中横坐标是预警时间，从右向左逐渐增大，实验表明工艺温度越高，一旦发生冷却失控，剩余的处理时间越短，风险越高。T_{D24} 是 TMR_{ad} 的一个衍生数据，此数据可通过 TMR_{ad} 曲线进行外推，风险评估中常与 T_p、MTSR 作比较。工艺温度 T_p 通常应设计为低于 T_{D24}，以在温控失效时期望拥有 24h 以上的预警与处理时间。需要注意的是，此参数为温度量纲，而 TMR_{ad} 为时间量纲。

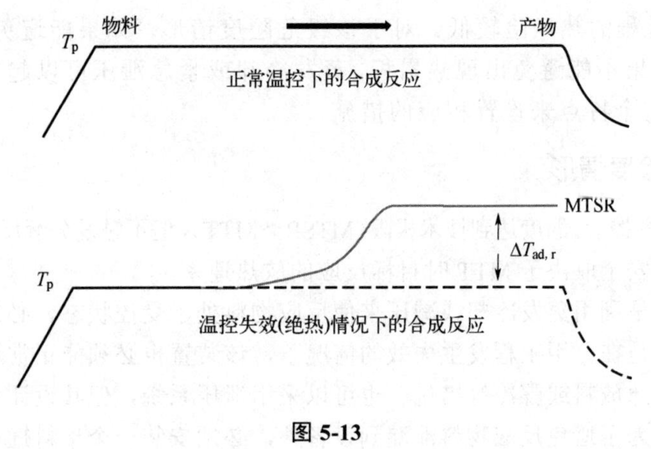

图 5-13

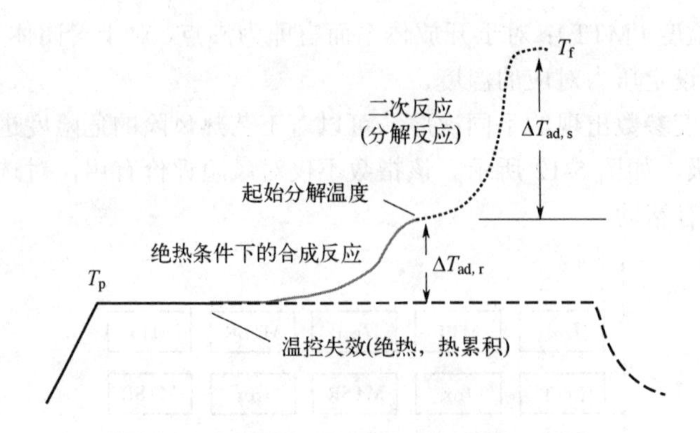

图 5-13　MTSR 与合成反应温控失效示意

需要说明的是，根据图 5-12 对合成工艺进行的热风险分级体系主要基于 4 个特征温度参数，没有考虑压力效应、溶剂蒸发速率、反应物料液位上涨等更加复杂的因素，因而是一种初步的反应热风险分级体系。下面分别对 1～5 级危险度情形做阐述。

（1）1 级危险度情形

在目标反应发生失控后，没有达到技术极限温度（MTSR＜MTT），且由于 MTSR 低于 T_{D24}，不会触发分解反应。只有当反应物料在热累积情况下停留很长时间，才有可能达到 MTT，且蒸发冷却能充当一个辅助的安全屏障。这样的工艺是热风险低的工艺。

对于该级危险度的情形不需要采取特殊的措施，但是反应物料不应长时间停留在热累积状态。只要设计恰当，蒸发冷却或紧急泄压可起到安全屏障的作用。

（2）2 级危险度情形

目标反应发生失控后，温度达不到技术极限（MTSR＜MTT），且不会触发分解反应（MTSR＜T_{D24}）。情况类似于 1 级危险度情形，但是由于 MTT 高于 T_{D24}，如果反应物料长时间停留在热累积状态，会引发分解反应，达到 MTT。在这种情况下，如果温度在 MTT 时的放热速率很大，达到沸点可能会引发危险。只要反应物料不长时间停留在热累积状态，则工艺过程的热风险较低。对于该级危险度情形，如果能避免热累积，不需要采取特殊措施。如果不能避免出现热累积，蒸发冷却或紧急泄压可以起安全屏障的作用。因此，必须依照这个特点来设置相应的措施。

（3）3 级危险度情形

目标反应发生失控后，温度达到技术极限（MTSR＞MTT），但不触发分解反应（MTSR＜T_{D24}）。这种情况下，工艺安全取决于 MTT 时目标反应的放热速率。

第一个措施就是利用蒸发冷却或减压来使反应物料处于受控状态。必须依照这个特点来设计装置，且即使是在公用工程发生失效的情况下，该装置也必须能正常运行。还需要采用备用冷却系统、紧急放料或骤冷等措施。也可以采用泄压系统，但其设计必须能处理可能出现的两相流情形，为了避免反应物料泄漏到设备外，必须安装一个集料罐。当然，所有的措施必须保证能实现这些目标，而且必须在故障发生后立即投入运行。

（4）4 级危险度情形

在合成反应发生失控后，温度将达到技术极限（MTSR＞MTT），并且理论上会触发分解反应（MTSR＞T_{D24}）。这种情况下，工艺安全取决于 MTT 时目标反应和分解反应的放热速率。蒸发冷却或紧急泄压可以起到安全屏障的作用。情况类似于 3 级危险度情形，但有一个重要的区别：如果技术措施失效，则将引发二次反应。因此，需要一个可靠的技术措施。

需要强调的是，对于该级危险度情形，由于 MTSR 高于 T_{D24}，这意味着如果温度不能稳定于 MTT 水平，则可能引发二次反应。因此，二次反应的潜能不可忽略，且必须包括在反应严重度评价中，即应采用体系总的绝热温升（$\Delta T_{ad}=\Delta T_{ad,r}+\Delta T_{ad,s}$）进行严重度分级。

（5）5 级危险度情形

在目标反应发生失控后，将触发分解反应（MTSR＞T_{D24}），且温度在二次反应失控的过程中将达到技术极限。这种情况下，蒸发冷却或紧急泄压很难再起到安全屏障的作用。这是因为温度为 MTT 时二次反应的放热速率太高，导致压力增大。因此，这是一种很危险的情形。另外，其严重度的评价同 4 级危险度情形一样，需同时考虑目标反应及二次反应的潜能。

对于该级危险度情形，目标反应和二次反应之间没有安全屏障，只能采用骤冷或紧急放料措施。由于大多数情况下分解反应释放的能量很大，必须特别关注安全措施的设计。为了降低严重度或减小触发分解反应的可能性，非常有必要重新设计工艺。作为替代的工艺设计，应考虑下列措施的可能性：降低浓度，将间歇反应变换为半间歇反应，优化半间歇反应的操作条件从而使物料累积最小化，转为连续操作等。

在 3 级和 4 级危险度情形中，技术极限温度（MTT）发挥了重要的作用。在开放体系中，这个极限可能是沸点，这时应该按照这个特点来设计蒸馏或回流系统，其散热能力必须足够以至于能完全适应失控温度下的蒸汽流率。尤其需要注意可能出现的蒸汽管溢流问题或反应物料的液位上涨问题，这两种情况都会导致压头损失加剧。冷凝器也必须具备足够的冷却能力，即使是在蒸汽流率很高的情况。此外，回流系统的设计必须采用独立的冷却介质。

在封闭体系中，技术极限温度（MTT）为反应器压力达到泄压系统设定压力时的温度。在压力达到设定压力之前，对反应器采取控制减压的措施，可以在温度仍然可控的情况下对反应进行调节。如果反应体系的压力升高到紧急泄压系统，即安全阀或爆破片的设定压力，压力增长速率可能足够快，从而导致两相流和相当高的释放流率。

以上介绍了利用 4 种特征温度判断化学反应事故发生的可能性。然而在实际应用中发现，只考虑这 4 种特征温度会使评估结果出现偏差。举个例子，当 MTSR 高于 T_{D24} 且小于 MTT 的时候，反应体系的温度会因为发生二次反应而升高。在这种情况下，如果只考虑 4 种特征温度，那么评估结果为最危险的第 5 等级。然而，如果发生二次反应之后反应体系所能达到的最高温度小于 MTT，则蒸发冷却或紧急泄压可以作为最终的安全屏障，降低事故风险。相应的，反应本身的热危险性也就没有那么高了。

根据上述分析，可以选择添加一个特征温度——绝热条件下的最终温度（T_f）来改进评估方法。改进后的危险等级分级如图 5-14 所示。

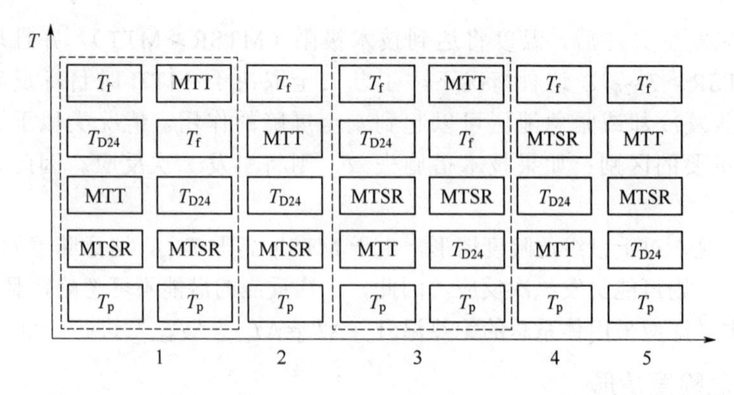

图 5-14　根据 T_p、MTSR、T_{D24}、MTT 和 T_f 五个温度水平对危险度分级

由图 5-14 可知，改进后的危险等级 1 和危险等级 3 都存在两种情景。在危险等级为 1 的第一种情景下，T_{D24} 高于 MTT，这同改进前的分级情况类似。在第二种情景下，T_f 高于 T_{D24} 却低于 MTT。绝热条件下所能达到的最终温度（T_f）无法达到 MTT，就使得蒸发冷却或紧急泄压可以作为最终的安全屏障。因此，这种情景下的反应热危险性并不算大。同理，危险等级为 3 的第二种情景也一样。如果不考虑 T_f 这个因素，其反应热危险性将会被定为第 5 等级，这使得反应热危险性被高估。

那么如何来确定 T_f 呢？

如果 MTSR 小于 T_{D24}，则表示很难引发二次反应。在这种情况下，T_f 是合成反应的绝热温升与 T_p 之和。这里的合成反应绝热温升是指假设反应在开始的瞬间就进入绝热模式，其放出的全部热量可以使反应体系升高的温度。这个值一般可以通过反应量热仪测得。

如果 MTSR 大于等于 T_{D24}，则表示可能引发二次反应。在这种情况下，T_f 是合成反应的绝热温升、T_p 以及二次反应的绝热温升之和。

5.3.2　多步反应热安全评估模型

涉及特征温度的反应热风险评估方法都是针对单步反应的，而在实际生产过程当中，大多数的工艺都不止一步，属于多步反应。在这种情况下，使用这些评估方法对多步反应的热风险进行评估并不能得到准确的结果。如果想要得到更加准确、全面的评估结果，需要对现有的评估方法进行改进，使其可以更好地应用在多步反应工艺上。本节主要介绍一种针对两步合成反应的热失控风险评估流程。将其与现有的单步评估方法相结合，便可以得到针对两步合成反应的新的热失控风险评估方法。

针对两步合成反应的热失控风险评估流程，考虑了两步合成反应中不同步骤之间的联系对合成过程热失控风险的影响，描述了两步合成反应中可能出现的冷却失效情况。其中最特殊的情况为反应开始后，第一步反应发生失控。与此同时，反应装置的温度监测、压力监测等监测系统也出现故障。这意味着操作人员并不知道反应系统中发生了什么，无法及时进行应急处理。在这种情况下，反应体系达到第一步反应的最大合成温度 MTSR。操作人员按照操作流程向反应器中加入第二步反应的物料。这将导致第二步反应在冷却失效的前提下继续进行，可能进一步引发二次分解反应。具体的评估流程如图 5-15 所示[43]。

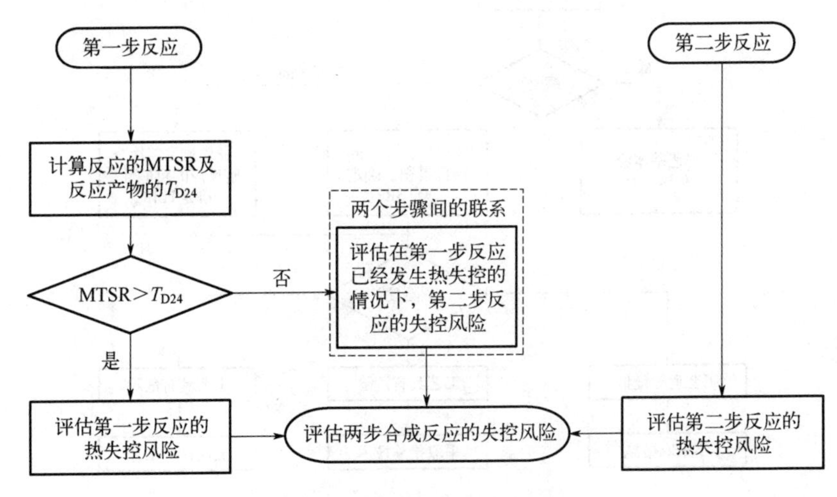

图 5-15　针对两步合成反应的热失控风险评估流程

首先，计算第一步反应的 MTSR 和实际反应产物的 T_{D24}。然后比较两个温度之间的大小关系。如果 MTSR 大于 T_{D24}，则说明在反应系统发生冷却失效以后，反应体系的温度可能引发二次分解反应。在这种情况下，发生二次分解后的产物不再具备同第二步反应的物料发生反应的能力。因此，在评估流程中不需要考虑两个反应步骤之间的联系对整个合成过程热失控风险的影响。如果 MTSR 小于 T_{D24}，则意味着第一步反应即使发生失控也很难引发二次分解反应。在这种情况下，第一步反应的产物还是具备同第二步反应的物料发生反应的能力的。为了反映这两个步骤之间的联系对合成过程热失控风险的影响，对在第一步反应发生热失控的情况下还继续进行的特殊的第二步反应的热失控风险进行评估。最后，将两个单步反应的热失控风险评估结果与特殊的第二步反应的热失控风险评估结果相结合，对整个合成过程的热失控风险进行评估，就可以得到更加全面、准确的评估结果。

5.4　化学反应热安全的评估程序

对一个具体工艺的反应热安全进行评估，必须获得相关的放热速率、放热量、绝热温升、分解温度等参数，而这些参数的获取必须通过量热测试。具体实验方法见第 4 章。化学反应热安全的评估首先要构建一个发生冷却失效的情形，并以此作为评价的基础。图 5-16 提出的评价程序将严重度和可能性分开考虑，并考虑了实验过程的经济性。其次，在所构建情形的基础上，确定危险度等级，从而有助于选择和设计风险降低措施。

如果简化评价法的评价结果为负值，则需要开展进一步的深入评价。为了保证评价工作的经济性，即只对所需的参数进行测定，可以采用如图 5-17 所示的评价程序。在程序的第一部分假定了最坏条件，例如对于一个反应，假设其物料累积度为 100%，这可以认为是基于最坏情况的评估。

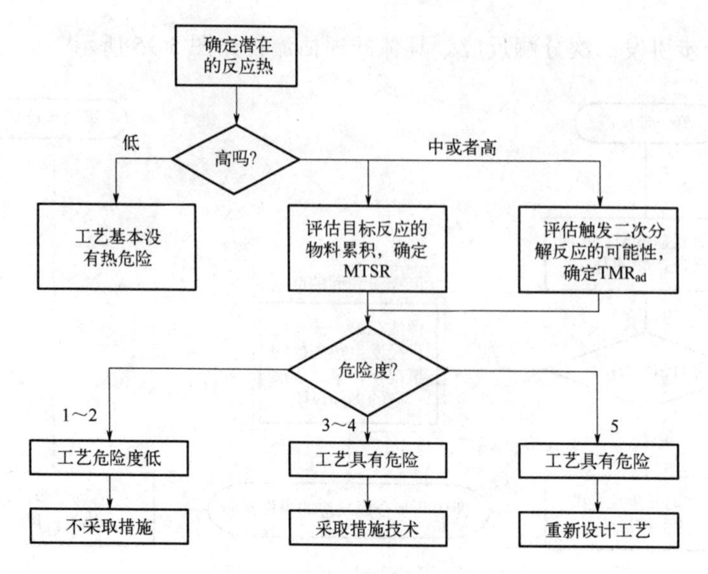

图 5-16　简化评价法的评估程序

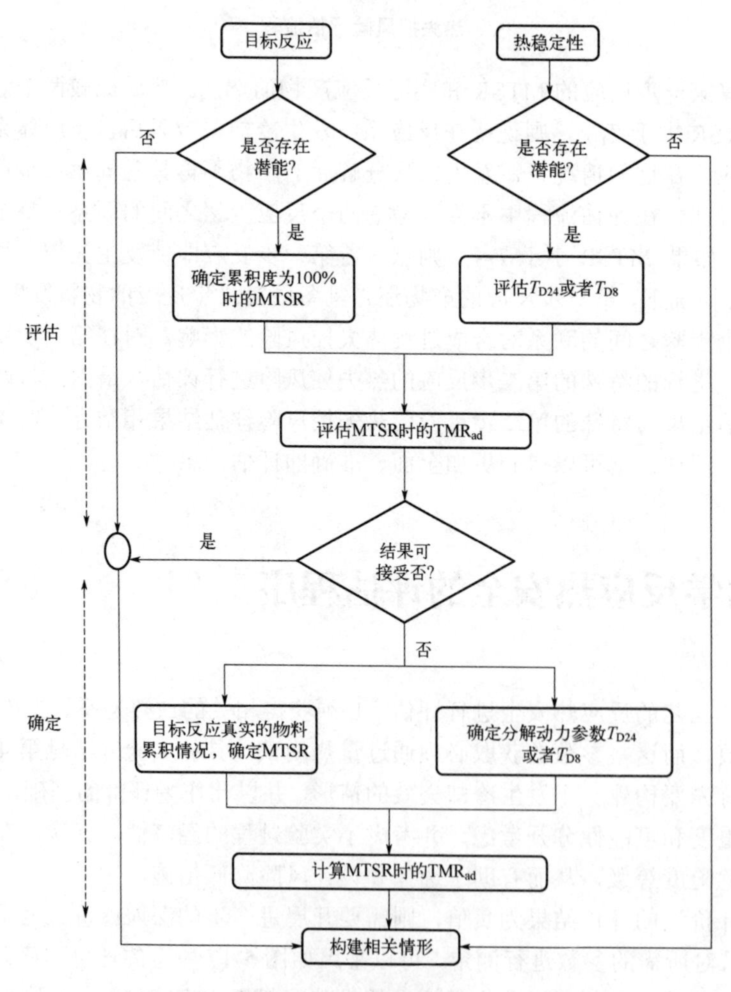

图 5-17　基于参数准确性递增原则的评估流程

评估的第一步是对反应物料所发生的目标反应进行鉴别，考察反应热的大小、放热速率的快慢，对反应物料进行评价，考察其热稳定性。这些参数可以通过对不同阶段——反应前、反应期间和反应后的反应物料样品进行 DSC 实验获得。显然，在评价样品的热稳定性时，可以选择具有代表性的反应物料进行分析。如果没有明显的放热效应，如绝热温升低于 50K，且没有超压，那么在此阶段就可以结束研究工作。

如果发现存在显著的反应放热，必须确定这些放热是来自目标反应，还是二次分解反应。如果来自目标反应，必须研究放热速率、冷却能力和热累积，即与 MTSR 有关的因素；如果来自二次反应，必须研究其动力学参数以确定 MTSR 时的 TMR_{ad}。

具体评估步骤如下：

① 首先考虑目标反应为间歇反应，按照最坏情况考虑问题，此时物料累积度为 100%。计算间歇反应的 MTSR。

② 计算 TMR_{ad} 为 24h 的温度 T_{D24}。如果所假设的最坏情况的后果不可接受，则需使用准确的参数，步骤如下。

a. 采用反应量热的方法确定目标反应中反应物的累积情况。反应量热法可以确定物料的真实累积情况，因此可以得到真实的 MTSR。反应控制过程中要考虑最大放热速率与反应器冷却能力相匹配的问题，气体释放速率与洗涤器气体处理能力相匹配的问题等。

b. 根据二次反应动力学确定 TMR_{ad} 与温度的函数关系，由此可以确定诱导期为 24h 的温度 T_{D24}。

将这些数据概括成如图 5-18 所示的形式。通过该图可以对给定工艺的热风险进行快速的检查与核对。

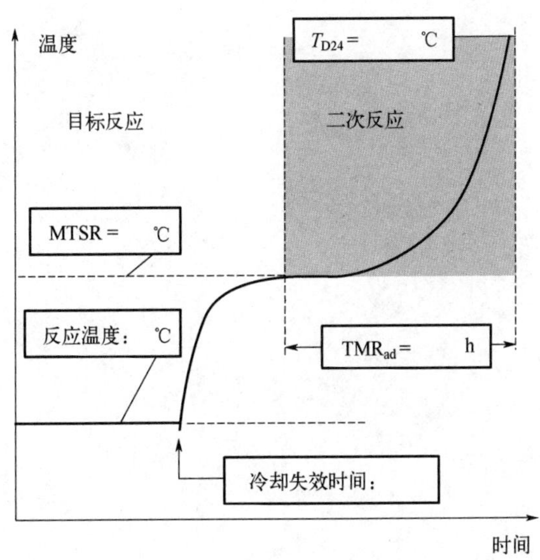

图 5-18 与工艺过程相关的热风险的图形描述

思考题

1. 针对硝基化合物、有机过氧化物等典型危险化学物质，爆炸性化合物特有的爆炸性基团以及易形成过氧化物基团的特征危险性基团有哪些？

2．化学物质危险特性的特征结构影响因素及其影响作用机制是什么？

3．有机过氧化物热危险性的特征结构因素及结构致灾机理是什么？

4．定量构效关系研究中的关键是什么？

5．改进 GA-MLR 算法的优势主要体现在哪些方面？

6．GA-SVM 算法的具体步骤是什么？

7．GA-SVM 算法的优势是什么？

8．考虑到温度尺度，对于放热化学反应，可以视为反应热风险评价的特征温度有哪几个？

第6章
化学反应热安全评估实例

6.1 双氧水氧化环己烯制备己二酸工艺

6.1.1 工艺简介

己二酸（adipic acid），白色晶体。分子式 $C_6H_{10}O_4$，分子量 146.14。密度 1.36g/cm^3，熔点 152℃，沸点 330.5℃。在水中的溶解度低，与大部分有机溶剂互溶[44]。己二酸是最具有实际应用价值的二元羧酸，主要用于合成塑料、合成树脂、食品等领域，是制造尼龙 66、聚氨酯、增塑剂等材料的中间体[45]。

传统己二酸的合成路线主要采用硝酸氧化法，在生产中产生大量的 N_2O、NO_x 等有害气体和废酸液，会造成严重的环境污染。此外该工艺投资大、流程长。在环保压力日益增大的情况下，开发一种新的、清洁无害的己二酸绿色合成工艺成为当今技术的研究热点。研究学者提出使用双氧水直接催化氧化环己烯来制备己二酸，这个工艺实现工业化的可能性最大[46,47]。

国内外专家学者对双氧水氧化环己烯工艺使用的催化剂开展了大量研究。1989 年，Oguchi 等[48]提出使用35%双氧水氧化环己烯，钨酸作催化剂，叔丁醇作溶剂。己二酸的含量为 62%，副产物 1,2-环己二醇的含量为 18%。1997 年，日本科学家 Sato[49]使用 30%双氧水氧化环己烯合成己二酸，钨酸钠作催化剂，三辛基甲基铵硫酸氢盐作相转移催化剂（PTC）。环己烯、钨酸钠和相转移催化剂的摩尔比为 100∶1∶1，反应温度为 75～90℃，总时长为 8h，最终己二酸收率为 93%。由于相转移催化剂有毒，会影响产品纯度，且合成路线复杂，价格昂贵，因此这个工艺不适合进行工业化生产。

2008 年，Zhu 等[50]合成了 4 种表面活性剂型过氧钨（或钼）酸催化剂，这类催化剂在双氧水氧化环己烯合成己二酸实验中可以同时起到催化和相转移的作用，其中过钨酸盐表现出最佳的催化性能。2009 年，Ren 等[51]以甘氨酸为配体合成了用于双氧水氧化环己烯反应的新型杂多酸类催化剂，该催化剂具有极佳的催化效果。反应过程中不涉及有机溶剂和相转移催化剂。2011 年，Jin 等[52]提出选择钨酸钠二水合物和硫酸作共催化剂，在合适的反应温度和物料配比条件下，使用双氧水氧化环己烯制备己二酸，己二酸收率高达 94.5%。

本工艺以 30%双氧水直接催化氧化环己烯生成己二酸，以钨酸钠二水合物和硫酸为共催化剂，不添加有机溶剂、相转移催化剂，绿色环保。因为 30%双氧水和环己烯互不相溶，该反应属于液-液两相反应。首先单独将钨酸钠二水合物和硫酸加入双氧水，搅拌 30min 后，再将双氧水混合溶液和环己烯混合，开启搅拌器，进行反应生成己二酸。反应过程中用油浴控制反应温度，在回流温度 73℃下反应约 2h 后，升温至 90℃恒温反应约 6h，反应总时长大约 8h。反应液在 0℃下静置冷却 24h 后进行抽滤，同时依次用冰水和石油醚各洗涤 2 次，最后 80℃真空干燥，得到己二酸固体[53]。简要工艺流程见图 6-1，反应方程式见图 6-2。

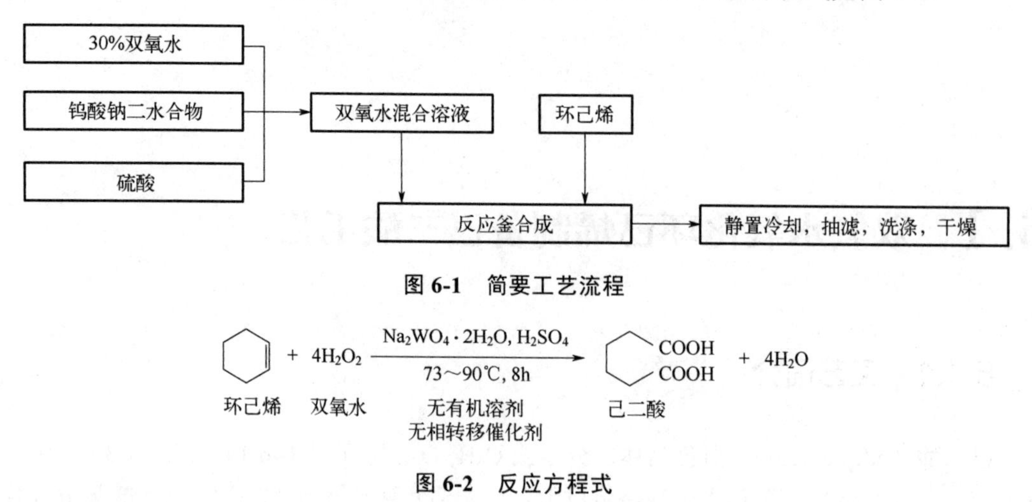

图 6-1　简要工艺流程

图 6-2　反应方程式

6.1.2　己二酸合成工艺热安全评估流程

使用各种仪器对己二酸的合成和分解热危险性进行研究。使用反应量热仪分析双氧水氧化环己烯合成己二酸过程中 A、B 两个阶段（图 6-3）的反应放热情况，根据实验测试结果计算合成反应绝热温升（$\Delta T_{ad,r}$）、目标反应热失控后体系能达到的最高温度（MTSR），评估己二酸合成反应的热危险性。如果在实际生产中，反应釜的冷却系统发生故障，则可能会触发双氧水热分解等副反应，放出大量热量。使用差示扫描量热仪（DSC）测试在催化条件下双氧水的热解特性。在 DSC 动态升温实验中，获得在催化条件下双氧水热分解的反应参数，如反应放热开始温度、峰温、放热量等，并获得环己烯和己二酸的放热特性参数。通过绝热量热仪（Phi-TEC Ⅱ）分别获得绝热条件下 A、B 阶段产物和反应最终产物的热解特性参数，如温度、压力、升温速率、压升速率等。根据 n 级反应动力学模型，计算反应各阶段产物的热解动力学三因子，即反应级数（n）、活化能（E_a）和指前因子（A）。基于热动力学参数值，推算各阶段产物绝热条件下最大反应速率到达时间（TMR_{ad}）为 24h 时所对应的温度 T_{D24}。气质联用仪（GC/MS）用于定性分析热解产物。在此基础上，推测反应各阶段产物的热解反应路径。最后根据风险矩阵法评估合成己二酸过程的风险等级，根据基于特征温度的单步反应热危险性评估方法评估冷却失效情景下己二酸合成反应的危险度等级。

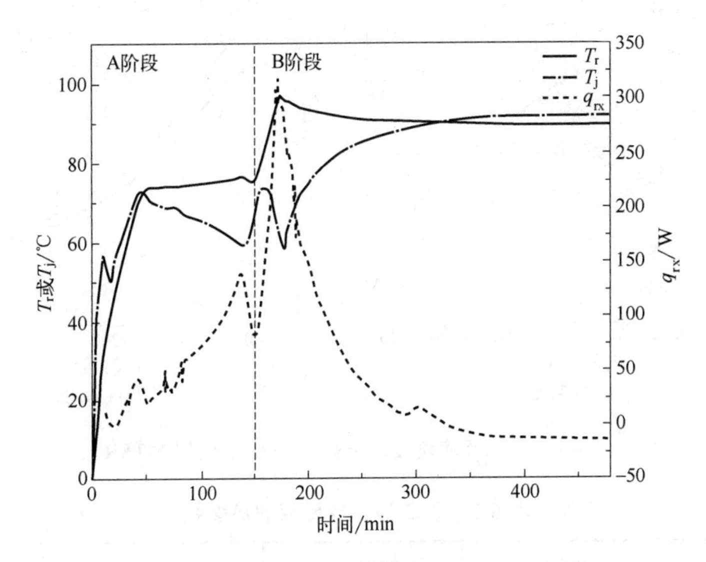

图 6-3　己二酸合成反应的温度和放热速率曲线

6.1.3　己二酸合成工艺热安全评估

(1) 己二酸合成工艺的热危险特性

图 6-3 为双氧水直接催化氧化环己烯制备己二酸反应过程中，反应温度（T_r）、夹套温度（T_j）和放热速率（q_{rx}）的变化曲线图。由于冷却系统的工作模式，反应开始时反应釜不能及时移走热量，加上氧化反应放出热量，反应温度升至 73℃后继续增加，放热速率随之增大。因为反应量热仪处于等温模式，为了将反应温度控制在设定温度 73℃，夹套中冷却液温度会降低。当夹套冷却能力大于反应放热能力时，反应温度降低，放热速率减小。

在 73℃等温阶段反应体系发生明显回流，反应温度、夹套温度和放热速率出现波动。回流结束后，反应温度升至 90℃。同理，反应温度继续增加，最高温度接近 97℃，比设定反应温度高 7℃，放热速率随之增大，达到最大值后减小。当夹套冷却散热与反应放热基本保持平衡时，反应温度、夹套温度以及反应放热速率都基本保持稳定。90℃等温阶段，反应放热主要集中在前 2h，在反应过程的后半段，夹套温度略大于反应温度，放热速率小于 0，这是由于该阶段反应放热量小，且反应釜存在不可避免的热散失。73℃等温阶段的反应时长约为 140min，90℃等温阶段的反应时长为 340min。

合成反应的热参数如表 6-1 所示。A 阶段和 B 阶段中，冷却失效后，反应体系在某一时刻所积累的热量可使反应达到的温度（T_{cf}）曲线及反应体系可能达到的最高温度（MTSR）见图 6-4。可以看出，A 阶段 T_{cf} 先增加后减小；A 阶段修正后的 MTSR 为 208.77℃，发生在反应开始后 40min 左右。B 阶段修正后的 MTSR 为 345.61℃。因为 A 阶段反应体系发生回流，物料蒸发移走部分热量，计算得到的 MTSR 偏小，蒸发冷却可以起到安全屏障的作用。在 A、B 阶段，当冷却系统发生故障时，反应釜内的温度会从 T_p 升至氧化反应的最高温度 MTSR，反应体系非常危险。

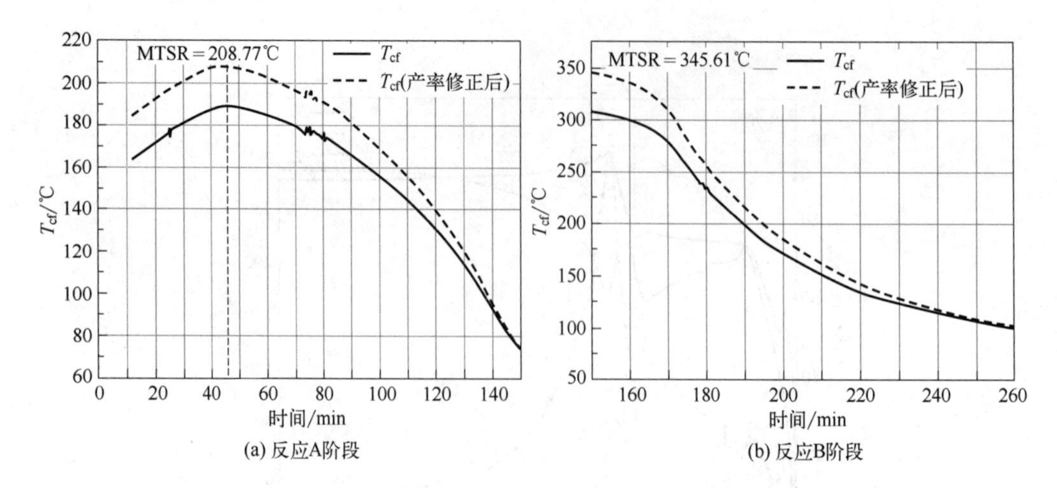

图 6-4　不同反应阶段校正前后的 T_{cf} 曲线和 MTSR

表 6-1　己二酸合成反应的热参数

样品	Q_r/kJ	c_p/[J/(g·K)]	$\Delta T_{ad,r}$/K	MTSR/℃
A 阶段	487.10	3.3	146.16	208.77
B 阶段	905.12	3.3	270.65	345.61

（2）己二酸合成工艺物料的热危险性

在现代的热分析研究中，差示扫描量热仪 DSC 操作简单，能直观地揭示试样的热分解特性，用于初步筛选反应物料的热危险性。本实验使用 DSC 通过动态升温来测试在催化条件下双氧水的热解特性。

图 6-5 为 30% H_2O_2，30% H_2O_2 加 $Na_2WO_4 \cdot 2H_2O$，30% H_2O_2 加 $Na_2WO_4 \cdot 2H_2O$ 和 H_2SO_4 样品分解反应的热流-温度曲线，对应热解参数见表 6-2。由图表可以看出，在不同的催化条件下，H_2O_2 分解反应的放热趋势相似。30%H_2O_2 的反应放热开始温度（T_{onset}）为 63.63℃，取热流曲线上斜率最大值处的切线与基线的交点，峰值温度（T_{peak}）为 73.77℃，分解热（ΔH_d）为 637.48J/g。30% H_2O_2 加 $Na_2WO_4 \cdot 2H_2O$ 体系有相似的反应放热开始温度 T_{onset}、峰值温度 T_{peak} 和分解热 ΔH_d，但与 30% H_2O_2 的热流曲线相比较，在该体系中 H_2O_2 分解速率更快，热生成速率更大。实验结果表明 $Na_2WO_4 \cdot 2H_2O$ 会催化 H_2O_2 分解，加大放热速率。在 $Na_2WO_4 \cdot 2H_2O$ 和 H_2SO_4 同时存在的条件下，反应放热开始温度和峰值温度分别为 57.13℃和 77.75℃，H_2O_2 的分解速率减慢，热生成速率显著减小，分解放热量减小。说明双氧水在酸性条件下比较稳定，不易分解，即双氧水在酸性溶液中的氧化能力强。

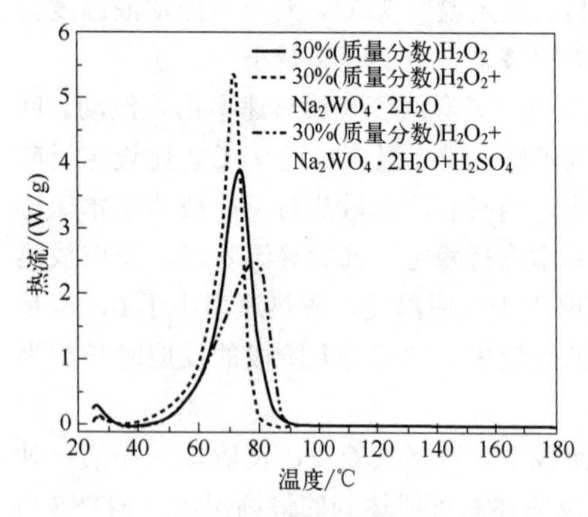

图 6-5　样品分解反应的热流-温度曲线

图 6-6 为环己烯和己二酸样品分解的热流-温度曲线，对应的热解参数见表 6-2。图 6-6

（a）中环己烯的热流-温度曲线出现3个峰值，第1个峰值低于50℃，由基线的初始漂移造成，属于仪器误差。由于环己烯热分解的放热量较低，初始漂移明显。第2个峰值出现在114～160℃之间，分解放热量约30J/g，与双氧水分解放热量相比，可忽略不计。第3个峰值出现在 250℃以上，这是由于坩埚内部和加热炉之间的压力差造成的基线漂移，环己烯高温下挥发，增大了坩埚内部的压力。图6-6（b）为己二酸的热流-温度曲线，在152℃时，产物己二酸熔化，出现吸热峰，其焓值约–257J/g。实验结果表明原料环己烯和产物己二酸不是危险物质。DSC实验得到的热危险性参数能为双氧水氧化环己烯反应过程的设计和优化提供参考，减少反应热失控事故的发生。

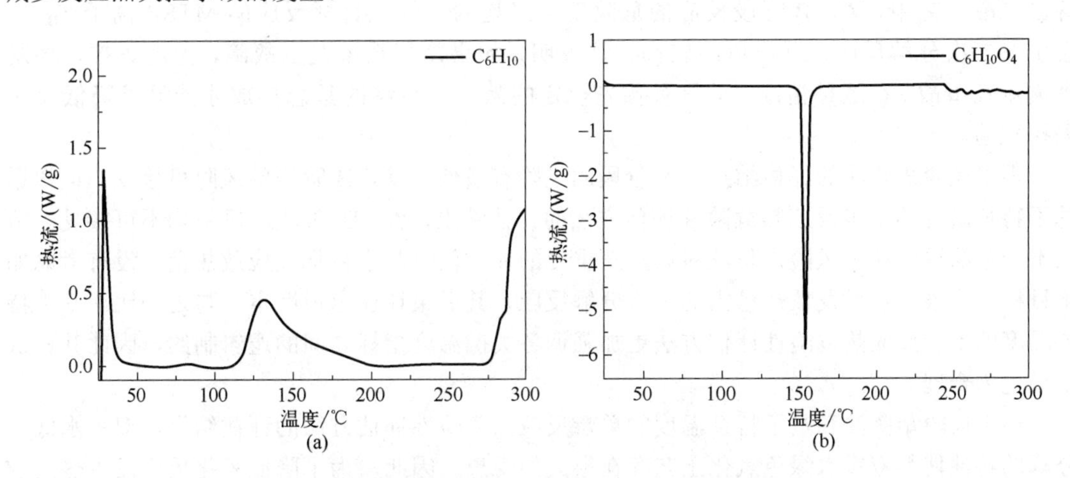

图6-6　环己烯和己二酸样品分解的热流-温度曲线

表6-2　DSC实验中反应物料的热解参数

物质	T_{onset}/℃	T_{peak}/℃	ΔH_d/ (J/g)
30%（质量分数）H_2O_2	63.63	73.77	637.48
30%（质量分数）H_2O_2+$Na_2WO_4 \cdot 2H_2O$	62.37	72.16	677.20
30%（质量分数）H_2O_2+$Na_2WO_4 \cdot 2H_2O$+H_2SO_4	57.13	77.75	578.24
环己烯	113.90	131.61	29.18
己二酸	151.53	154.87	–256.72

（3）己二酸合成工艺热危险性评估

使用风险矩阵法对目标反应发生热失控的严重度和目标反应引发二次分解的可能性进行分级评估，结果如表6-3所示。基于特征温度的单步反应热危险性评估方法，结合MTT、T_p、MTSR和T_{D24}四个温度参数综合给出危险程度等级。其中，MTT主要考虑溶剂的沸点，A阶段，选取由双氧水和环己烯组成的混合物的沸点73～75℃；B阶段，选取体系内含量较多的水的沸点100℃。反应危险性评估结果见表6-4。

表6-3　风险矩阵法对己二酸合成反应危险性的分级

阶段	$\Delta T_{ad,r}$/K	严重度	TMR_{ad}/h	可能性	后果	热危险评估
A	146.16	2级	15.39	2级	偶尔发生的	有条件接受风险
B	270.65	3级	＞24	1级	很少发生的	可接受风险

表 6-4　基于特征温度的单步反应热危险性评估方法对不同条件下己二酸合成反应危险性的分级

阶段	T_p/℃	MTSR/℃	MTT/℃	T_{D24}/℃	危险度等级
A	40～75	208.77	73～75	11.55	5
B	90～97	345.61	100.0	9.49	5

根据基于特征温度的单步反应热危险性评估方法可以看出，在双氧水催化氧化环己烯制备己二酸工艺中，A、B 阶段反应的危险度等级均为 5 级，目标反应的 MTSR 高于 T_{D24}，会引发二次分解反应，爆炸风险较高。这表明，如果冷却系统发生故障，温度失控，将发生灾难性事故。在这种情况下，只有预先设定的骤冷或足够的紧急排放才能显著降低反应失控危险。

根据风险矩阵法的评估结果，A 阶段的风险有条件接受，B 阶段的风险可接受；但根据基于特征温度的单步反应热危险性评估方法的评估结果，A、B 阶段的风险均不可接受。造成不一致的原因在于风险矩阵法对风险严重度的评估仅着眼于目标反应放热量，没有考虑如果目标反应很容易引发放热量大的二次分解反应，其后果往往也很严重。与之相比，基于特征温度的单步反应热危险性评估方法更加强调各关键温度指标之间的逻辑制约，因此其评价结果更为合理。

根据风险矩阵法和基于特征温度的单步反应热危险性评估方法的评估结果，双氧水低温分解的特性使得双氧水绿色氧化工艺存在很大的隐患。因此，为了降低氧化反应发生热失控的严重度和目标反应引发副反应双氧水分解的可能性，有必要重新设计工艺，将间歇式的生产模式改为半间歇式或管式反应模式。

6.2 1-硝基萘合成工艺

6.2.1 工艺简介

硝化反应是一种典型的化学反应，广泛应用于中间体、染料和炸药的生产中。然而，硝化反应通常具有极强的放热行为，并且硝化产物对热非常敏感，硝化反应也是最危险的反应之一[54,55]。我国与硝化有关的事故频发，造成的事故后果也非常严重，例如：2005 年中石油吉林石化分公司双苯厂“11・13”爆炸事故、2012 年河北克尔化工有限公司重大爆炸事故、2015 年山东滨源“8・31”重大爆炸事故、2017 年江苏省连云港化学工业园区连云港聚鑫生物科技有限公司发生的重大爆炸事故等。所以，在大规模硝化反应之前，必须对硝化反应的过程安全性进行评估。

1-硝基萘是合成药物、染料、农药和橡胶抗氧化剂的重要中间体[56]。考虑到经济、效率等因素，首选的合成方法是使用混酸（硫酸和硝酸的混合物）对萘进行硝化。根据文献[57]和常用的工业生产方式，设置实验流程为：首先，将溶解在二氯乙烷（0.4mol）中的萘（0.1mol）

添加到反应釜中，然后，将反应系统加热至工艺温度 50℃，在 1h 内滴加含有 0.1mol 硝酸的混酸，最后，保温反应 1h。反应的方程式如公式（6-1）所示

$$C_{10}H_8 + HNO_3 \longrightarrow C_{10}H_7O_2N + H_2O \tag{6-1}$$

6.2.2 1-硝基萘合成工艺热安全评估流程

使用各种仪器对 1-硝基萘的合成和分解热危险性进行研究。使用反应量热仪分析 1-硝基萘合成过程中的反应放热情况，根据实验测试结果计算合成反应绝热温升（$\Delta T_{ad,r}$），目标反应失控后体系能达到的最高温度（MTSR），评估 1-硝基萘合成反应的热危险性。使用差示扫描量热仪（DSC）和加速度量热仪（ARC）测试 1-硝基萘的热解特性。高效液相色谱仪（HPLC）用于分析反应进程中的体系组成变化情况。最后，根据扩展的基于特征温度的单步反应热危险性评估方法评估 1-硝基萘合成反应的危险度等级[58]。

6.2.3 1-硝基萘合成工艺热安全评估

（1）1-硝基萘合成工艺的热危险特性

图 6-7 为在反应量热仪中合成 1-硝基萘的反应历程概览。N 和 MN 分别表示萘和 1-硝基萘 HPLC 分析结果的峰面积，其强度用吸光度表示。可以看出，随着混酸的加入，放热速率随之增大，然后趋于稳定。加入混酸后，合成反应立即发生，萘的含量逐渐降低，1-硝基萘的含量逐渐升高。加料结束后的保温阶段，放热速率迅速下降至 0，这是由于加料停止，反应釜内物料累积减少，放热减少，反应速率变小直至反应结束。

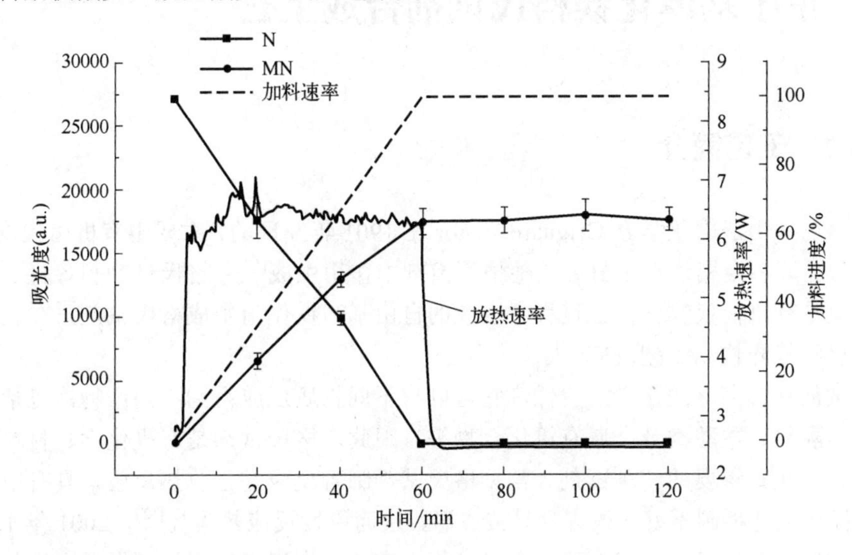

图 6-7　1-硝基萘合成反应历程

（2）1-硝基萘的物质热危险特性

对反应产物进行 DSC 和 ARC 分析，均未检测到放热，说明 1-硝基萘热危险性较低，不

存在热分解特性。因此，可以认为在1-硝基萘合成工艺中，T_{D24}大于MTT。

（3）1-硝基萘合成工艺热危险性评估

通过表6-5结果可得，T_p＜MTSR＜MTT＜T_{D24}，根据传统的基于特征温度的单步反应热危险性评估方法得到的反应危险等级为1级，说明1-硝基萘合成工艺的反应危险性较低，这与实际生产中的危险情况相悖，有必要针对此结果进行修正。

表6-5　1-硝基萘合成反应的热参数

T_p/℃	$\Delta T_{ad,r}$/K	MTSR/℃	MTT/℃
50	113.27	55.56	83.3

为更加准确地评价1-硝基萘合成反应的热危险性，对传统的基于特征温度的单步反应热危险性评估方法进行了扩展修正。因为硝化反应是加料控制的快速、强放热反应，工业生产中控制设备的失效会造成严重的后果。所以，引入与加料时间相关的参数，对MTSR进行修正。在本合成反应中，当反应冷却失效时，如果加料控制也失效，即加料按原定速度继续进行，仅需14.69min，反应体系的温度就会超过反应体系的沸点83.3℃，冲料的风险非常高。因此，为了降低合成反应发生热失控的严重度，有必要主动优化工艺。由于反应的危险性主要来源于原料萘和混酸的反应热，所以，确保加料系统的稳定可靠，保证能在冷却失效的情况下，尽快停止加料，可以大大提高反应的安全性。此外，还可以减缓混酸滴加的速率，降低放热速率的同时，也可以给操作员更多修正错误的时间。

6.3　正丁基溴化镁格氏试剂合成工艺

6.3.1　工艺简介

格氏试剂是由法国化学家Grignard Victor在1901年发现的，主要由有机卤代物，如卤代烷、卤代芳烃等和金属镁在干醚或其他惰性溶剂中作用生成[59]。格氏试剂制备目前普遍认可的反应机理是有机卤代物在反应过程中生成的自由基与镁作用生成格氏试剂，在整个过程中可能存在自由基异构化等副反应[60]。

格氏试剂具有高度的化学活泼性，它可以与不同物质反应得到不同产物，包括烃类、醇类、醛类、酮类、羧酸类及金属有机化合物等。因此，格氏试剂是有机化学、材料科学、药物化学等领域非常重要的一种试剂。常见格氏试剂制备反应是强放热反应，具有很高的反应焓，一旦操作工艺控制不好，很容易导致飞温，进而引发反应热失控[61]。2001年1月，绍兴某合成化工厂一台格氏试剂釜在反应保温过程中突然发生视镜炸裂继而燃爆，事故的主要原因是釜内盘管发生渗漏，造成反应釜内水分含量过高，进而引起反应温度、压力急剧上升，发生超温、超压爆炸。2014年1月，南通市某精细化工公司的生产车间1号格氏试剂制备釜发生爆燃事故，事故主要原因是车间班组人员未能准确判断反应是否引发，滴加反应物料过程中发现温度下降未立即停止加料，待降温至低于工艺规程要求10℃左右时用蒸汽升温，且仍继续滴加反应物料，使未反应物料在未能有效引发的情况下大量积聚，最终失控而发生火灾爆炸。2005 年 5 月，日本同样发生了一起由于格氏试剂引发滞后导致的热失控事故[62]。

因此，根据国家安监总局于 2017 年出台的《关于加强精细化工反应安全风险评估工作的指导意见》（安监总管三〔2017〕1 号），需对该类反应过程进行安全评估，识别其工艺危险性并进行本质安全化设计。格氏试剂种类繁多，以一种正丁基溴化镁格氏试剂的制备过程为例，对其进行安全评估和本质安全化设计[63]。

正丁基溴化镁格氏试剂是由正溴丁烷和金属镁在溶剂无水乙醚（Et_2O）中作用生成的，工艺操作温度为 30℃，反应方程式如图 6-8 所示。实验过程中，先向溶剂无水乙醚中加入除去氧化膜后的金属镁（Mg），在操作温度 30℃下，加入一定质量的引发剂碘单质[64]和 1.37g 正溴丁烷（BuBr），反应引发后，继续滴加剩余的正溴丁烷（13.7g）和无水乙醚按照一定比例配制的混合溶液，滴加时间为 30min，加料结束后，保温反应一段时间至反应结束。

$$CH_3(CH_2)_3Br + Mg \xrightarrow{Et_2O,\ 30℃} CH_3(CH_2)_3MgBr$$

图 6-8 正丁基溴化镁格氏试剂合成工艺

6.3.2 正丁基溴化镁格氏试剂合成工艺热安全评估

（1）正丁基溴化镁格氏试剂合成工艺的热危险特性

图 6-9 为正丁基溴化镁格氏试剂合成反应过程中，夹套温度（T_j）、反应温度（T_r）和放热速率（q_{rx}）随时间的变化曲线。反应引发后，随着正溴丁烷的加入，反应温度先增加，放热速率随之增大，达到最大值后减小，之后稳定反应温度在操作温度下。由于冷却系统的工作模式，反应开始时反应釜不能及时移走热量，反应温度上升导致反应速率加快。当夹套冷却散热与反应放热基本保持平衡时，反应温度、夹套温度以及反应放热速率都基本保持稳定。最后加料结束后，放热速率逐渐下降至 0，这是由于加料停止，反应釜内物料累积减少，放热减少，温度降低，反应速率变小直至反应结束。

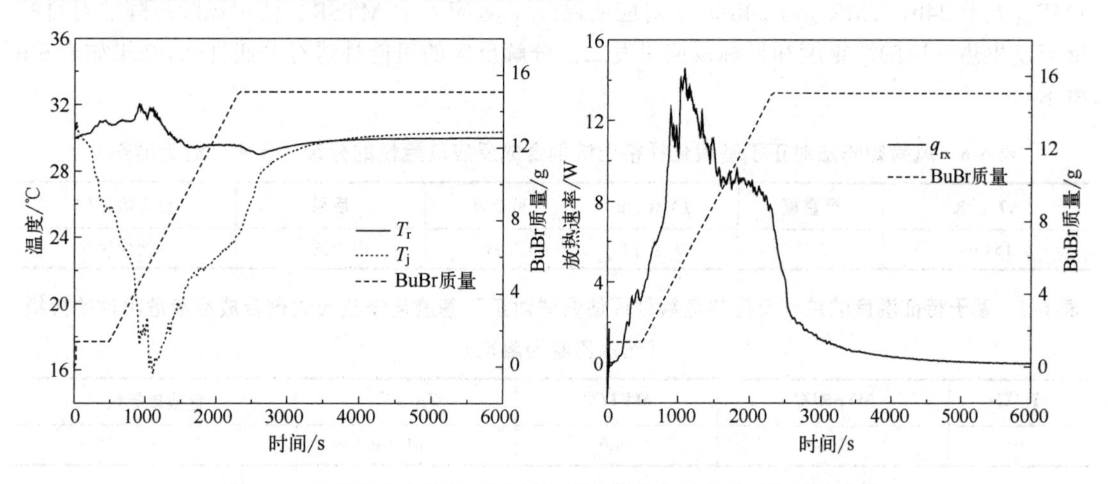

图 6-9 正丁基溴化镁格氏试剂合成过程反应温度和放热速率曲线

由于该反应为半间歇反应，反应放热速率与反应温度和加料过程有关，因此，计算合成反应 MTSR 时需要考虑反应的热累积率。图 6-10 为在溶剂无水乙醚中，正丁基溴化镁格氏试剂合成过程反应 T_{cf} 和热累积率曲线。从图 6-10 中可以看出，T_{cf} 曲线和热累积率曲线存在几个峰值，第一段峰的存在是由于反应一开始加入正溴丁烷进行反应引发。之后随着正溴丁烷的滴加，物料开始累积，T_{cf} 开始增加，最后随着加料结束，T_{cf} 开始减小。从图中可以看出，该合成反应 MTSR 为 51.04℃，超过了反应的技术极限温度 MTT（取溶剂无水乙醚在常压下的沸点 34.6℃）。当反应冷却系统失效后，若还在持续加料，反应的温度会持续上升，超过系统的 MTT 后，会造成反应物料的沸腾和冲料事故，或者引起超压，造成容器爆炸[43]。

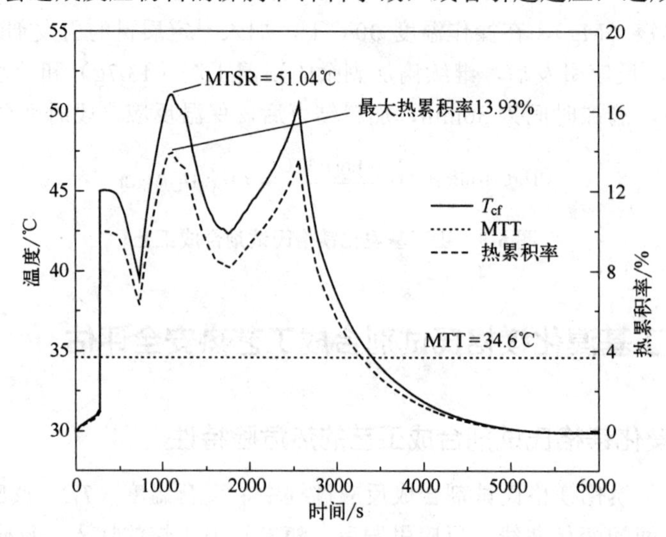

图 6-10　正丁基溴化镁格氏试剂合成过程 T_{cf} 和热累积率曲线（无水乙醚为溶剂）

（2）正丁基溴化镁格氏试剂合成工艺的安全性评估

经 DSC 测试发现，该反应过程的物料在 300℃以下不具有自分解放热特性，高于反应体系所能达到的最高温度，二次分解反应难以发生，因此在冷却失效情形下，MTSR 所对应的 TMR_{ad} 大于 24h，TMR_{ad} 为 24h 时所对应的温度 T_{D24} 应大于 MTSR。使用风险矩阵法对目标反应发生热失控的严重度和目标反应引发二次分解反应的可能性进行分级评估，结果如表 6-6 所示。

表 6-6　风险矩阵法对正丁基溴化镁格氏试剂合成反应危险性的分级（无水乙醚为溶剂）

$\Delta T_{ad,r}$/K	严重度	TMR_{ad}/h	可能性	后果	热危险评估
151.04	2 级	大于 24	1 级	很少发生	可接受风险

表 6-7　基于特征温度的单步反应热危险性评估方法对正丁基溴化镁格氏试剂合成反应危险性的分级（无水乙醚为溶剂）

T_p/℃	MTSR/℃	MTT/℃	T_{D24}/℃	危险度等级
30	51.04	34.6	＞MTSR	3

根据风险矩阵法，30℃下，采用无水乙醚作为反应溶剂合成正丁基溴化镁格氏试剂反应的风险是可接受的，根据基于特征温度的单步反应热危险性评估方法，该条件下，正丁基溴

化镁格氏试剂合成反应的危险度等级为3级，如果反应系统冷却和加料控制系统失效，将会造成物料累积和反应温度上升，有冲料的风险（表6-7）。

6.3.3 正丁基溴化镁格氏试剂合成工艺本质安全化设计

为了降低该合成反应的危险度以及冲料风险，需要对该工艺进行重新设计。采用本质安全化设计中的替代原则，在正丁基溴化镁格氏试剂合成过程中，将溶剂替换为沸点更高的干醚，有助于降低物料的冲料风险。重新设计的工艺中将溶剂无水乙醚替换为无水四氢呋喃（THF），实验过程中，先向溶剂无水四氢呋喃中加入除去氧化膜后的金属镁2.4g，在操作温度30℃下，加入一定质量的引发剂碘单质和1.37g正溴丁烷，反应引发后，继续滴加剩余的正溴丁烷（13.7g）和无水四氢呋喃按照一定比例配制的混合溶液，滴加时间仍为30min，加料结束后，保温反应一段时间至反应结束。

图6-11为在溶剂无水四氢呋喃中，正丁基溴化镁格氏试剂合成过程反应可能达到的最终温度 T_{cf} 和热累积率曲线。从图6-11中可以看出，该条件下合成反应的MTSR为58.32℃，低于反应的技术极限温度MTT（取溶剂无水四氢呋喃在常压下的沸点65.4℃）。

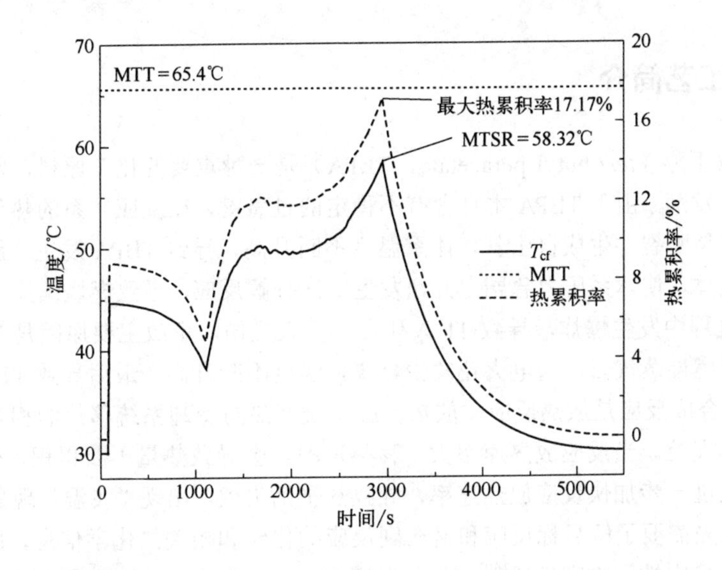

图6-11 正丁基溴化镁格氏试剂合成过程 T_{cf} 和热累积率曲线（无水四氢呋喃为溶剂）

根据风险矩阵法可知，30℃下，采用无水四氢呋喃作为反应溶剂合成正丁基溴化镁格氏试剂的反应风险是可接受的（表6-8），根据基于特征温度的单步反应热危险性评估方法，该条件下正丁基溴化镁格氏试剂合成反应的危险度等级为1级，如果反应系统冷却和加料控制系统失效，将会造成物料累积和反应温度上升，但发生冲料的风险较低（表6-9）。

值得注意的是，格氏试剂由于本身具有很高的化学反应活性，会和水发生反应[65]。如果反应体系中存在水分，会造成反应引发滞后，导致物料累积，反应一旦引发，很容易造成热失控。因此，在利用高沸点溶剂替换原有溶剂进行本质安全化设计时，还需要考虑水在溶剂中的溶解度问题。常见的溶剂无水乙醚含水量非常低，四氢呋喃虽然沸点高，但是和水存在任意比互溶的缺点，因此需要开发新型的、含水量低的高沸点溶剂进行格氏试剂的制备。此外，在格氏试剂制备过程中，改变搅拌速率，延长加料时间，降低反应物料正溴丁烷等反应物的引发投料量等，都可以有效降低反应的热累积率和 MTSR，从而降低格氏试剂制备过程的风险。

表 6-8　风险矩阵法对正丁基溴化镁格氏试剂合成反应危险性的分级（无水四氢呋喃为溶剂）

$\Delta T_{ad,r}$/K	严重度	TMR_{ad}/h	可能性	后果	热危险评估
164.95	2 级	大于 24	1 级	很少发生	可接受风险

表 6-9　基于特征温度的单步反应热危险性评估方法对正丁基溴化镁格氏试剂合成反应危险性的分级（无水四氢呋喃为溶剂）

T_p/℃	MTSR/℃	MTT/℃	T_{D24}/℃	危险度等级
30	58.32	65.4	＞MTSR	1

6.4　过氧乙酸叔丁酯合成工艺

6.4.1　工艺简介

过氧乙酸叔丁酯（*tert*-butyl peracetate，TBPA）是一种重要的化工原料，常被用作氧化剂或聚合反应的引发剂。由于 TBPA 本身含有不稳定的过氧键，在反应体系的热作用或还原剂作用下，过氧键容易断裂并生成自由基，体系温度不断升高，导致 TBPA 发生分解反应，释放热量并产生大量气体，使体系压力急剧上升，发生二次分解反应，导致燃烧爆炸事故[66]。某企业在 TBPA 生产过程中发生爆炸，导致 11 人死亡，多人受伤，事故主要原因是 TBPA 蒸气与空气混合，形成可燃性蒸气云，遇电火花发生燃烧，温度不断升高，最后导致 TBPA 发生爆炸性分解[67]。TBPA 合成反应是放热反应，放热反应系统产热与冷却系统移热的相互作用决定了反应是否会发生热失控。当反应放热速率大于移热速率，会导致热量不断累积，体系温度升高，而温度的升高又进一步加快反应放热速率，导致热平衡失效，出现“飞温”现象[68]。为避免失控情况发生，首先需要了解目标反应和潜在副反应的化学和相关热化学信息，以及反应物、中间体和产物的热稳定性和物理性质[69]。为了保证 TBPA 在生产、储运过程中的安全，预防和减少危险事故的发生，有必要研究其合成反应热失控危险性，识别 TBPA 潜在热解危险性。

根据文献[70]和实际生产工艺，TBPA 合成有两种方式：第一种在酸性条件下进行（反应 1），反应温度控制在 5℃；第二种在碱性条件下进行（反应 2），反应温度控制在 15℃。反应 1 中，首先将乙酸酐（Ac_2O）和浓硫酸混合形成酸性溶液，加入反应釜。然后按照工艺条件设定测试程序，将温度控制模式设为等温模式，反应温度设为 5℃，加料速率设为 4.5g/min。最后，根据设定的加料速率将叔丁基过氧化氢（TBHP）滴加至反应釜内进行反应。反应 1 的方程式见式（6-2）

$$(CH_3)_3C{-}O{-}O{-}H + H_3C{-}\overset{\displaystyle O}{\overset{\|}{C}}{-}O{-}\overset{\displaystyle O}{\overset{\|}{C}}{-}CH_3 \xrightarrow{H^+} (CH_3)_3C{-}O{-}O{-}\underset{\underset{\displaystyle O}{\|}}{C}{-}CH_3 + CH_3COOH \tag{6-2}$$

反应 2 中，碱性条件下 TBPA 合成反应分为两步进行。按照工艺条件设定测试程序，将温度控制模式设为等温模式，反应温度设为 15℃，加料速率设为 4.5g/min。第一步是加入叔丁基过氧化氢至反应釜，与氢氧化钠溶液反应生成盐溶液，第二步是以程序设定的加料速率滴加乙酸酐进行反应。反应 2 的方程式见式（6-3）和式（6-4）

$$(CH_3)_3C-O-O-H + NaOH \longrightarrow (CH_3)_3C-O-O-Na + H_2O \tag{6-3}$$

$$(CH_3)_3C-O-O-Na + H_3C-C(=O)-O-C(=O)-CH_3 \longrightarrow (CH_3)_3C-O-O-C(=O)CH_3 + CH_3COONa \tag{6-4}$$

6.4.2 过氧乙酸叔丁酯合成工艺热安全评估流程

使用各种仪器对 TBPA 的合成和分解热危险性进行研究。使用反应量热仪分析酸性和碱性条件下 TBPA 合成过程中的反应放热情况，根据实验测试结果计算合成反应绝热温升（$\Delta T_{ad,r}$）、目标反应失控后体系能达到的最高温度（MTSR），评估 TBPA 合成反应的热危险性。使用差示扫描量热仪和绝热量热仪测试 TBPA 的热解特性。根据 DSC 中断回扫实验的放热曲线可知，TBPA 分解反应遵循 n 级反应动力学模型。在不同升温速率下进行 DSC 动态升温实验，获得非等温条件下 TBPA 的反应放热开始温度、峰温、放热量等热解反应参数。基于 Kissinger 模型和 Starink 模型，计算 TBPA 热解反应表观活化能，为后续绝热测试和参数计算提供依据。通过绝热实验获得绝热条件下 TBPA 热解特性参数，根据 n 级反应动力学模型，计算 TBPA 热解动力学参数，即反应级数（n）、活化能（E_a）和指前因子（A）。基于热动力学参数值，推算绝热条件下最大反应速率到达时间（TMR_{ad}）为 24h 时对应的温度 T_{D24}。气质联用仪（GC/MS）用于分析加热至不同温度时 TBPA 的热解产物，在此基础上，推测 TBPA 热解反应路径。最后根据风险矩阵法评估合成 TBPA 过程的风险等级，根据基于特征温度的单步反应热危险性评估方法评估冷却失效情景下 TBPA 合成反应的危险度等级[71]。

6.4.3 过氧乙酸叔丁酯合成工艺热安全评估

（1）TBPA 合成工艺的热危险特性

产率是反映化学生产有效性的关键参数，也是反应危险性评价的重要数据，因此使用气质联用仪对 TBPA 合成产物进行成分分析。不同条件下合成产物的总离子流色谱（TIC）见图 6-12，酸性条件下，产物成分主要有乙酸、乙酸叔丁酯、TBHP、二叔丁基过氧化物（DTBP）以及 TBPA，反应产率为 76%。碱性条件下，产物油水相分层，所得油相产物成分主要有 TBHP、DTBP 以及 TBPA，反应产率为 71%。从产物成分可以看出，两种反应条件下均能生成目标产物 TBPA。

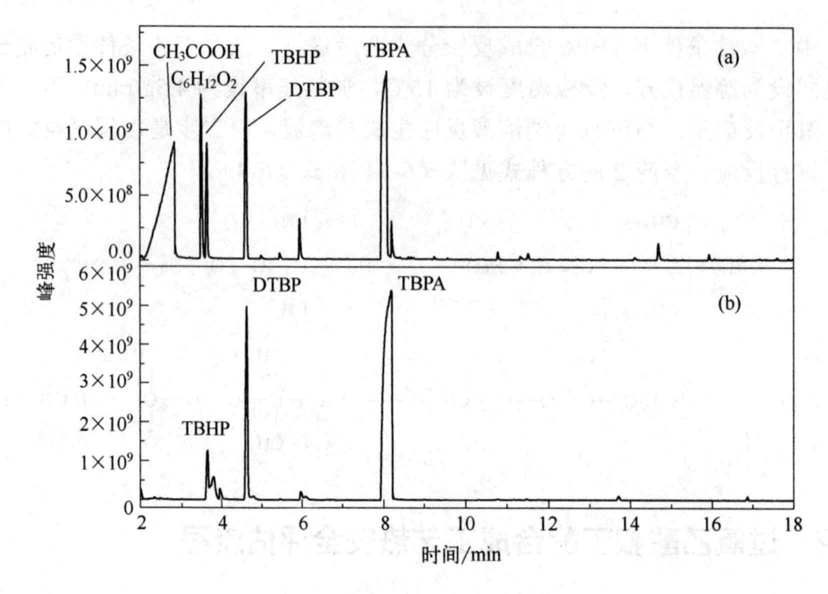

（a）反应 1 产物；（b）反应 2 产物

图 6-12　合成产物 TIC 图

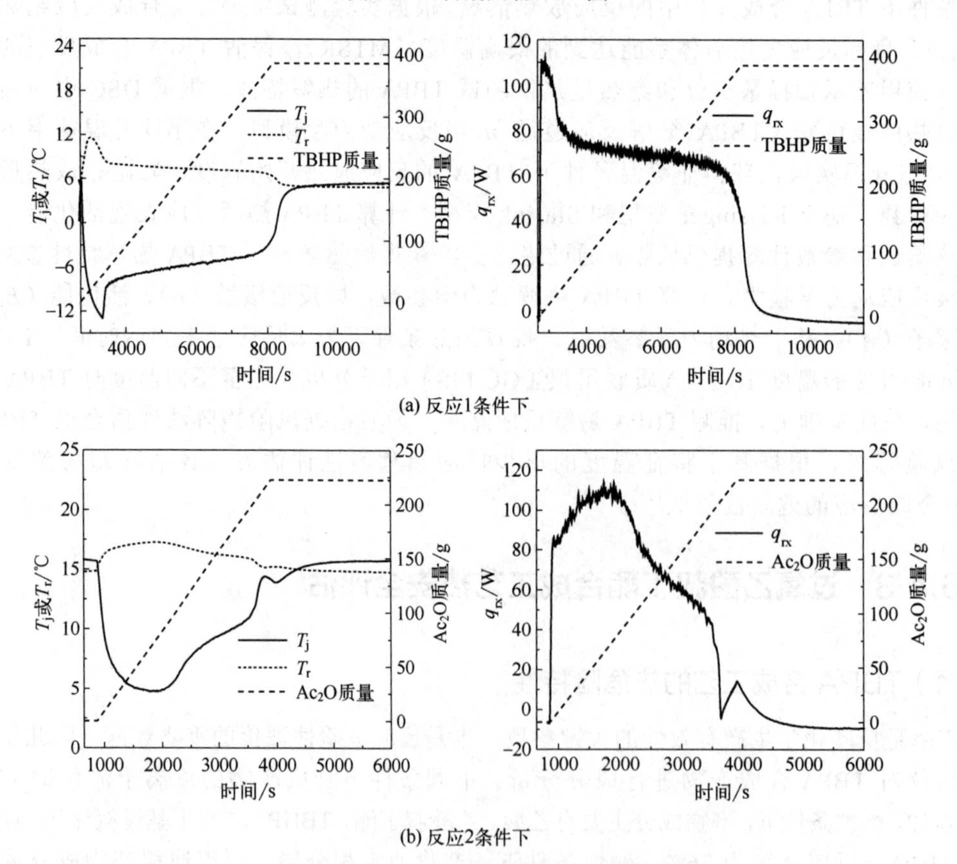

图 6-13　TBPA 合成反应的温度和放热速率曲线

图 6-13 为 TBPA 合成反应过程中夹套温度（T_j）、反应温度（T_r）和放热速率（q_{rx}）的变化曲线图。可以看出，随着 TBHP 的加入，反应温度先增加，放热速率随之增大，达到最大

值后减小，然后趋于稳定。加入 TBHP 后，合成反应立即发生。由于冷却系统的工作模式，反应开始时反应釜不能及时移走热量，反应温度上升导致反应速率加快。当夹套冷却散热与反应放热基本保持平衡时，反应温度、夹套温度以及反应放热速率都基本保持稳定。加料结束后，放热速率迅速下降至 0，这是由于加料停止，反应釜内物料累积较少，放热减少，温度降低，反应速率变小直至反应结束。在酸性条件下合成 TBPA 的过程中，反应温度最高接近 12.0℃，比设定反应温度高 7.0℃。在放热和散热基本平衡后，反应温度稳定在 8.0℃左右，放热速率稳定在 60.0～80.0W。

碱性条件下，由于两步反应分开进行，第一步反应完成冷却至反应温度后，才开始滴加乙酸酐进行第二步主反应，因此，对 TBPA 合成中第二步主反应的放热特性进行研究。如图 6-13（b）所示，放热速率曲线的波动较大。可能是由于第一步生成的有机盐溶液黏度大，加入的部分 Ac_2O 没有及时与盐溶液反应。加料停止后，随着物料的不断消耗，放热速率不断减小直至为 0。在碱性条件下合成 TBPA 的过程中，加料开始后，反应温度增加，最高接近 17.5℃，比设定反应温度高约 2.5℃。在加料过程中，随着原料的消耗，反应物浓度降低，反应放热速率减小。加料停止后，由于反应釜内有物料累积，反应仍在继续。随着物料的不断消耗，放热速率不断减小直至为 0。结果表明，在放热和移热未达到平衡时，反应 1 的反应温度与反应放热速率的变化程度大于反应 2。与反应 2 相比，反应 1 对冷却系统的要求更高。

合成反应的热参数如表 6-10 所示。不同反应条件下校正前后 T_{cf} 曲线和 MTSR 见图 6-14。如图 6-14 所示，在酸性条件下合成 TBPA 过程的初始阶段，T_{cf} 曲线先略微减小，后增加直到反应结束，反应时间达 8000s。在酸性条件下，经反应产率修正后的 $\Delta T_{ad,r}$ 为 207.2℃，远高于碱性条件，修正后的 MTSR 值也很高。当冷却系统发生故障、加料阀没有及时切断时，与碱性条件相比，酸性条件下 TBPA 合成反应更容易造成重大事故。

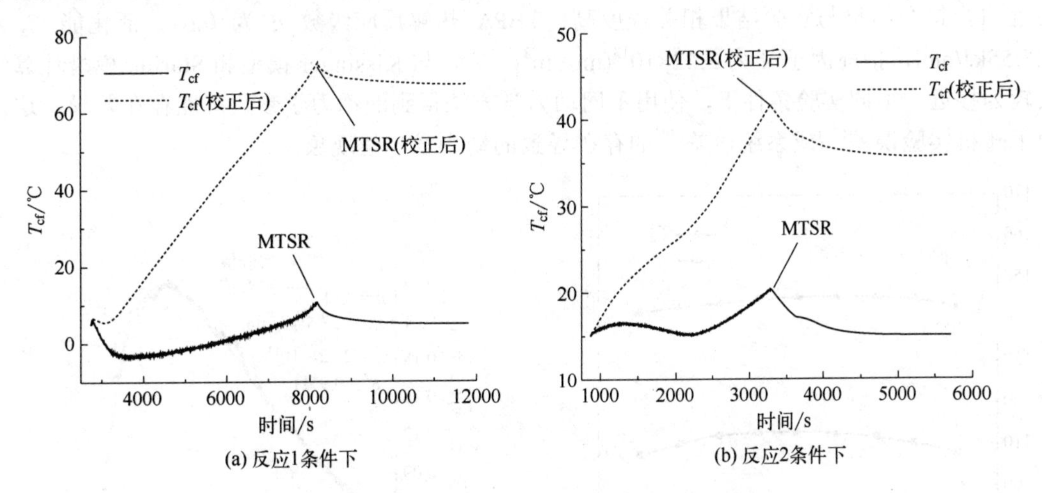

图 6-14　不同反应条件校正前后 T_{cf} 曲线和 MTSR

表 6-10　合成反应的热参数

反应	T_p/℃	$\Delta T_{ad,r}$/K	$\Delta T_{ad,r}$（校正后）/K	MTSR/℃	MTSR（校正后）/℃
1	5	187.5	207.2	10.6	73.2
2	15	44.0	64.7	20.5	41.7

（2）TBPA 的物质热危险特性

图 6-15 为 Kissinger 模型和 Starink 模型动力学线性拟合图。通过 Kissinger 模型计算得到的活化能为 112.90kJ/mol，R^2 为 0.9959，模拟结果与实验值吻合好。由图 6-16 可知，对于 Starink 模型，不同转化率下 TBPA 的分解活化能均在 110.49kJ/mol 附近波动，说明 TBPA 热解反应可以用单一的动力学机理来描述[72]。E_a 为（110.49±2.54）kJ/mol，R^2 为 0.9943± 0.0029，计算结果与 Kissinger 模型所得活化能数值接近，且拟合度较高，表明两种模型计算所得热解活化能均准确可靠。

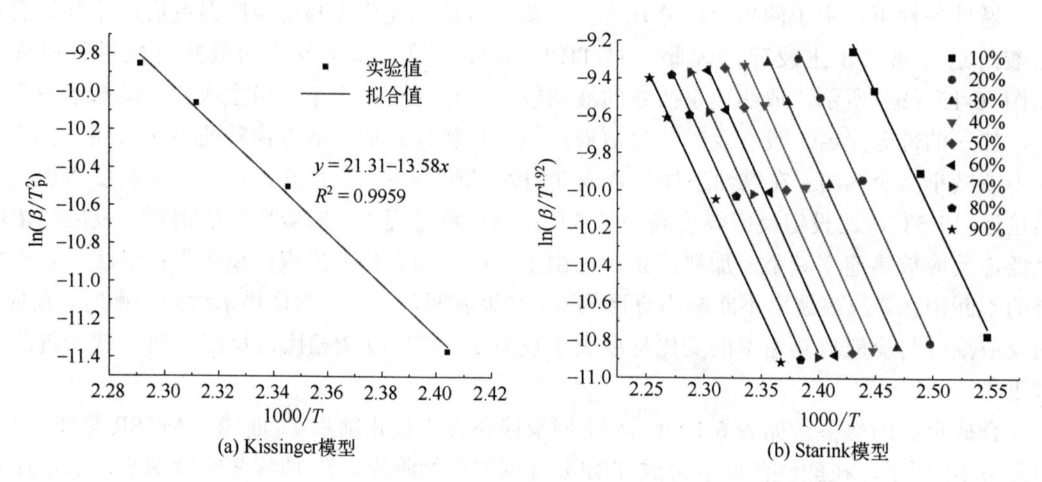

图 6-15　使用 Kissinger 模型和 Starink 模型计算分解活化能

绝热条件下的 TBPA 热解动力学非线性拟合结果如图 6-17 所示。R^2 为 0.9911，极为接近 1，拟合结果与实验结果相关程度高；TBPA 热解反应级数 n 为 0.61，活化能 E_a 为 128.55kJ/mol，指前因子 A 为 $2.22\times10^{13}(\text{mol/m}^3)^{0.39}/\text{s}$，与 Kissinger 模型和 Starink 模型计算结果较为接近。不同实验条件下，使用不同动力学方法得到的动力学参数可能存在差异，这是由于随机实验误差[73]或系统误差[74]的存在导致的动力学补偿现象。

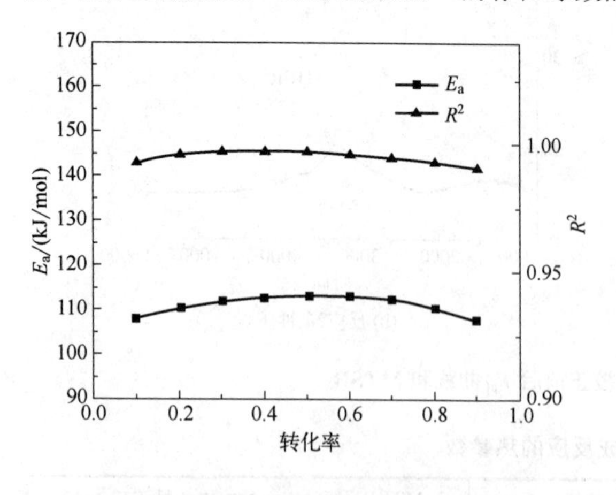

图 6-16　Starink 模型不同转化率下样品分解活化能及 R^2

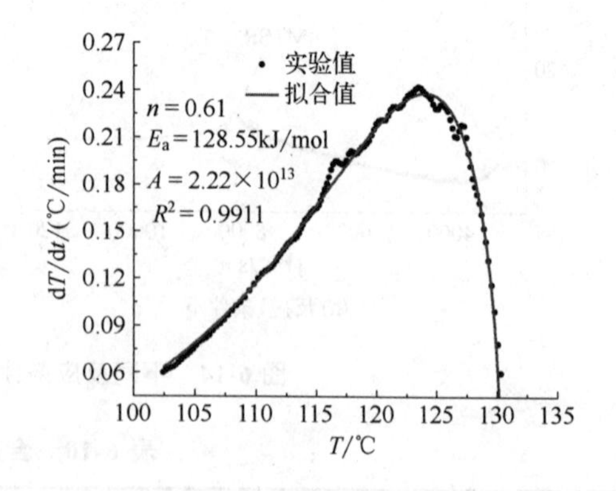

图 6-17　实验数据与动力学结果模拟

（3）TBPA 合成工艺热危险性评估

为评价 TBPA 合成反应的热危险性，计算在冷却失效情形下，合成反应的 MTSR 所对应的 TMR_{ad} 和 TMR_{ad} 为 24h 时所对应的温度 T_{D24}，计算结果见表 6-11 和表 6-12。

使用风险矩阵法对目标反应发生热失控的严重度和目标反应引发二次分解的可能性进行分级评估，结果如表 6-11 所示。其中 MTT 主要根据溶剂的沸点选择，酸性反应条件下，选取体系内含量较多的乙酸沸点 117.9℃，碱性反应条件下，选取体系内含量较多的水沸点 100℃。反应危险性评估结果见表 6-12。

表 6-11　风险矩阵法对 TBPA 合成反应危险性的分级

反应	$\Delta T_{ad,r}$/K	严重度	TMR_{ad}/h	可能性	后果	热危险评估
1	207.2	3 级	5.17	3 级	很可能发生的	风险不可接受，需要重新设计工艺
2	64.7	2 级	18.12	2 级	偶尔发生的	需要采取措施减小风险

使用基于改进特征温度的单步反应热危险性评估方法对 TBPA 合成工艺热危险性进行评估分级，结果如表 6-12 所示。该分级方法主要考虑 5 个关键温度，依次为：工艺温度 T_p；合成反应的最高温度 MTSR；二次分解反应的绝热诱导期为 24h 时的温度 T_{D24}；因技术条件的限制，反应釜所能达到的最大温度 MTT；以及绝热条件下的最终温度 T_f。

表 6-12　基于改进特征温度的单步反应热危险性评估方法对 TBPA 合成反应危险性的分级

反应	T_p/℃	MTSR/℃	T_{D24}/℃	MTT/℃	T_f/℃	危险度等级
1	5	73.2	60.3	117.9	212.1	5
2	15	41.7	60.3	100	79.7	1

根据结果，酸性条件下合成反应的 5 个关键温度排序为：$T_p < T_{D24} <$ MTSR $<$ MTT $< T_f$，工艺危险等级为 5 级。该工艺条件下，反应失控后，系统将引发产物分解，且温度在二次分解反应失控的过程中达到反应釜所能承受的最大温度 MTT，此时，蒸发冷却或紧急泄压已经不能起到安全屏障的作用。因此，为了降低合成反应发生热失控的严重度和目标反应引发二次分解的可能性，有必要主动重新设计工艺。对于碱性条件下的 TBPA 合成反应，5 个关键温度排序为：$T_p <$ MTSR $< T_{D24} < T_f <$ MTT，工艺危险等级为 1 级。该工艺条件下，合成反应失控后，系统不会立即引发产物的二次分解反应，如果反应体系长时间处于失控状态，则有可能诱发产物的二次分解反应，但绝热条件下的最终温度 T_f 没有达到反应釜所能承受的最大温度 MTT，蒸发冷却或紧急泄压可以作为最后一道安全屏障。在这种情况下，如果要继续降低反应体系的热累积，则可改变搅拌速率、叶轮的形状和尺寸、加料速率等操作条件。

6.5　过氧化苯甲酸叔丁酯合成工艺

6.5.1　工艺简介

过氧化苯甲酸叔丁酯（TBPB）是一种常见的液态有机过氧化物，在石油化工领域被广泛用作聚合过程中的引发剂[75]。在不稳定的过氧键（O—O 键）的影响下，TBPB 本身及其合成过程较为危险[76]。TBPB 的合成过程见式（6-5）和式（6-6）。

$$(CH_3)_3COOH + NaOH \longrightarrow (CH_3)_3COONa + H_2O \tag{6-5}$$

$$(CH_3)_3COONa + C_6H_5\text{-}COCl \longrightarrow (CH_3)_3COO-\overset{O}{\overset{\|}{C}}-C_6H_5 + NaCl \tag{6-6}$$

首先，将叔丁基过氧化氢（TBHP）添加到氢氧化钠溶液中以制备有机盐溶液。其次，在有机盐溶液中加入苯甲酰氯即可得到 TBPB。

6.5.2 过氧化苯甲酸叔丁酯工艺热安全评估流程

（1）反应量热仪实验

TBPB 的合成过程：首先将 TBHP 添加到氢氧化钠溶液中以形成有机盐溶液。为了防止有机盐溶液结块，在氢氧化钠溶液中加入了一些十二烷基苯磺酸钠（SDBS）。TBHP 与氢氧化钠的摩尔比为 1∶1.9。之后，在有机盐溶液中加入苯甲酰氯，得到 TBPB。TBHP 与苯甲酰氯的摩尔比为 1∶1。TBHP 和苯甲酰氯的加料速率均为 13.5g/min。两步反应的搅拌速率均为 150r/min。TBPB 合成过程两步的正常反应温度均为 20℃。

为了探讨各合成反应两个步骤间的相关性对合成过程热失控风险的影响，测试了合成反应中第二步反应在特定温度下的放热特性。特定温度是合成反应第一步的 $MTSR_1$。正常温度下的反应步骤被称为正常步骤（步骤 A），特定温度下的反应步骤称为特殊步骤（步骤 B）。所有合成反应都在大气压下进行[43]。

（2）绝热量热仪实验

采用绝热量热仪检测了合成反应在正常步骤和特殊步骤下得到的产物的热解特性。同时，还检测了合成反应的纯目标产物，即 TBPB 的热解特性。加热梯度为 5℃，温度范围为 70～200℃。实验初始压力为大气压。从正常步骤获得的产品被称为正常产物。通过特殊步骤得到的产品被称为特殊产物。

6.5.3 过氧化苯甲酸叔丁酯工艺热安全评估

（1）合成反应过程的放热特性

第一步反应的放热速率（q_{rx1}）和加料曲线如图 6-18 所示。

由图 6-18 可知，在加入 TBHP 的瞬间反应即开始，放热速率迅速上升到 50W 左右。在 TBHP 加料完毕后，放热速率迅速下降到 8W 左右，之后缓慢下降至 0。这一发现表明，在选定的实验条件下，第一步反应速率快，反应的热量积累少，反应热主要在加料阶段释放。此外，第一步反应的反应绝热温升（$\Delta T_{ad,r1}$）为 14.9K。这表明如果冷却系统在反应开始前完全失效，则第一步反应释放的热量可能会使反应系统温度升高 14.9K。第一步反应 T_{cf1} 曲线和 $MTSR_1$ 如图 6-19 所示。

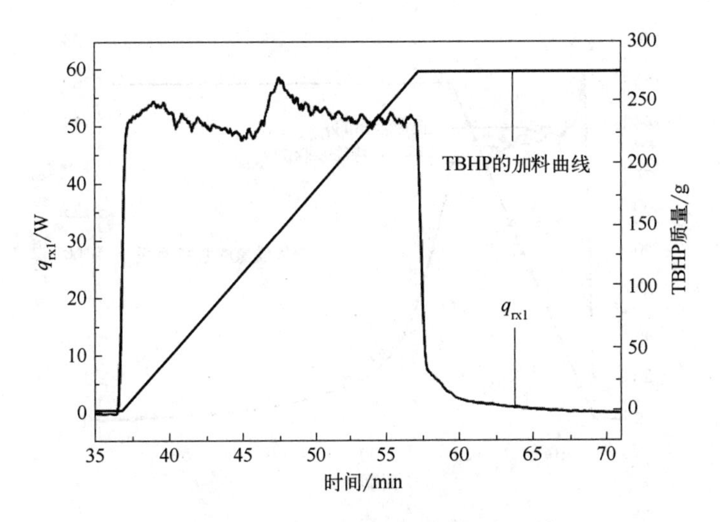

图 6-18 第一步反应的放热速率和加料曲线

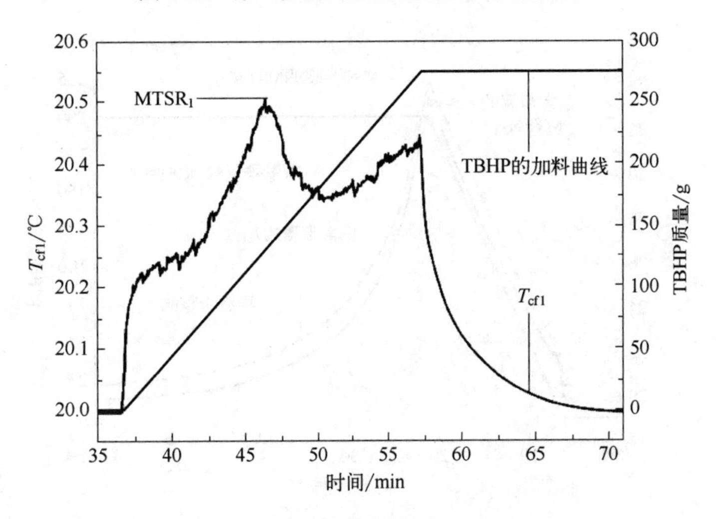

图 6-19 第一步反应的 T_{cf1} 曲线和 $MTSR_1$

由图 6-19 可知，在加料过程中 T_{cf1} 没有持续增加。T_{cf1} 在加料结束前达到峰值，在加料结束后逐渐降低。这一结果表明，对于第一步反应来说，冷却失效发生的最危险时机是在加料过程中，而不是在加料结束时刻。此外，第一步反应的 $MTSR_1$ 为 20.5℃。$MTSR_1$ 与工艺温度（T_{p1}）基本相同。这一结果进一步证明了第一步反应热量积累较少。

图 6-20 展示了 TBPB 合成过程第二步反应的放热速率和加料曲线。对于正常步骤和特殊步骤来说，反应在苯甲酰氯加入的那一刻立即发生，放热速率很快达到最大值。之后，随着苯甲酰氯的持续添加，放热速率曲线出现波动。加料结束后，放热速率持续下降。这说明在 TBPB 合成过程的第二步反应开始时放热速率最大，反应过程中有大量的热量积累。此外，正常步骤和特殊步骤的放热速率曲线相似，但仍有一些差异。特殊步骤放热速率的最大值小于正常步骤的最大值。正常步骤的 $\Delta T_{ad,r2A}$ 为 53.2K，特殊步骤的 $\Delta T_{ad,r2B}$ 为 52.2K。特殊步骤的 $\Delta T_{ad,r2B}$ 小于正常步骤的 $\Delta T_{ad,r2A}$，这表明在特殊温度下，TBPB 合成过程的第二步反应的热行为发生了变化。TBPB 合成过程的第二步反应的 T_{cf2} 曲线和 $MTSR_2$ 如图 6-21 所示。

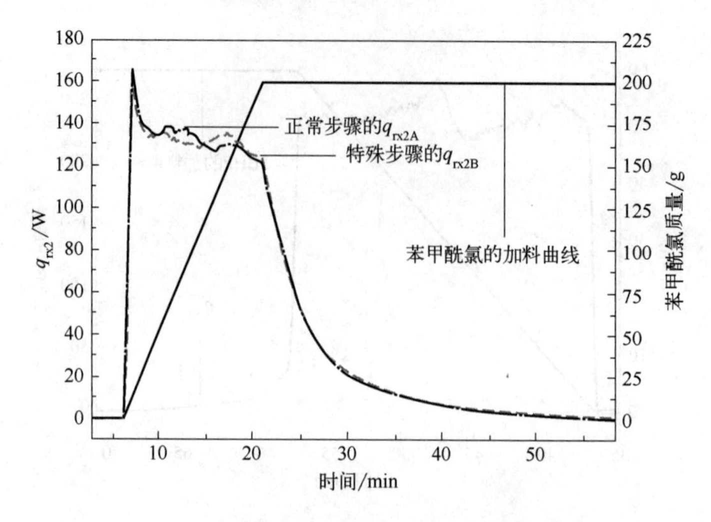

图 6-20　第二步反应的放热速率和加料曲线

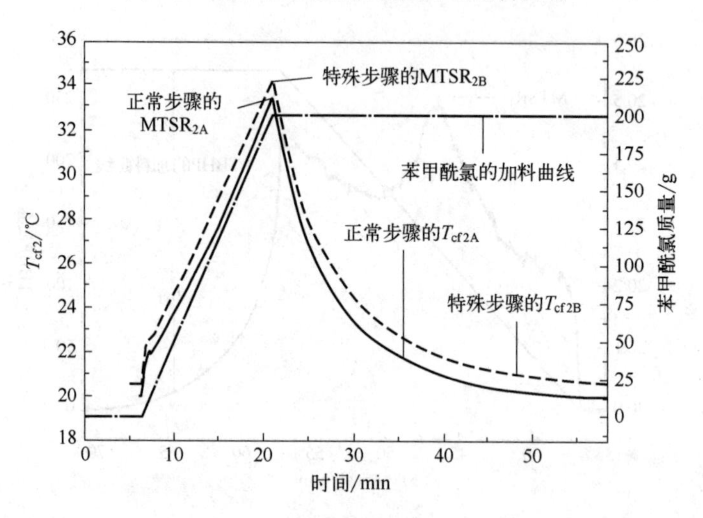

图 6-21　第二步反应的 T_{cf2} 曲线和 $MTSR_2$

如图 6-21 所示，T_{cf2} 随着苯甲酰氯的加入而升高，并在加料结束时达到最大值。这一结果表明，对于 TBPB 合成过程的第二步反应来说，反应的热量积累随着苯甲酰氯的加入而持续增加。

此外，正常步骤的 $MTSR_{2A}$ 为 33.4℃，特殊步骤的 $MTSR_{2B}$ 为 34.2℃。在整个反应过程中，特殊步骤的 T_{cf2B} 曲线始终高于正常步骤的 T_{cf2A} 曲线。这一结果表明，在特殊温度下，TBPB 合成过程的第二步反应的热量积累发生了变化。同图 6-20 得到的结果相结合，可以发现 T_{p2} 的变化可能会改变 TBPB 合成过程的第二步反应的热失控风险。如果第一步反应过程中发生冷却失效，那么第二步反应的 T_{p2} 肯定会发生变化。因此，在评估 TBPB 合成过程的热失控风险时，应考虑 TBPB 合成过程的两个步骤之间的相关性对合成过程热失控风险的影响。

（2）纯目标产物和最终反应混合物的绝热分解特性

合成反应的第一步反应产物的绝热分解曲线如图 6-22 所示。第一步反应产物的绝热测试结果如表 6-13 所示。其中 ϕ_1 是热惯量因子，$\Delta T_{ad,s1}$ 是绝热实验测得的样品分解引起的绝热温升，n_1 是反应级数，E_{a1} 是活化能，A_1 是指前因子，$TMR_{ad,s1}$ 是根据绝热测量数据计算出的绝热条件下达到最大反应速率需要的时间，$T_{D24,s1}$ 是 $TMR_{ad,s1}$ 为 24h 时的温度。

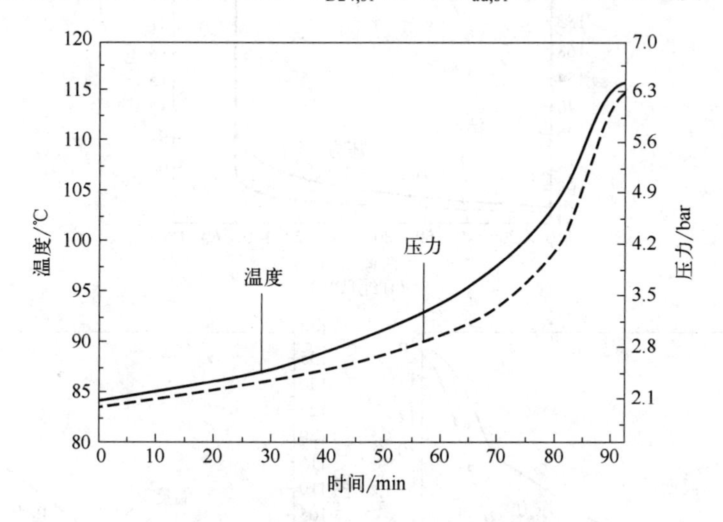

图 6-22　合成反应的第一步反应产物的绝热分解曲线

表 6-13　合成反应的第一步反应产物的绝热分解测试结果

参数	数值
ϕ_1	2.66
$\Delta T_{ad,s1}$/K	31.5
n_1	0.6
E_{a1}/(kJ/mol)	167.8
A_1	2.1×10^{20}
$T_{D24,s1}$/℃	154.3

在产物分解的过程中，压力随着温度的升高而升高。该结果表明，产物在分解过程中放热并产生气体。如果产物在反应器中分解，不仅会增加反应器中的温度，还会增加反应器中的压力。根据 ϕ_1 对 $\Delta T_{ad,s1}$ 和 $T_{D24,s1}$ 进行修正，可以获得更准确的 $\Delta T_{ad,s1}$ 和 $T_{D24,s1}$。合成反应的第一步反应产物的 $\Delta T_{ad,s1}$（修正）为 83.8K，$T_{D24,s1}$（修正）为 58.0℃。TBPB 合成反应的第二步反应产物的绝热测试结果见表 6-14。TBPB 合成反应的第二步反应产物的绝热分解曲线见图 6-23。

表 6-14　合成反应的第二步反应产物的绝热分解测试结果

参数	正常产物	特殊产物	纯 TBPB
ϕ_2	1.92	1.90	6.62
$\Delta T_{ad,s2}$/K	46.4	45.5	130.0
n_2	0.8	0.8	0.9
E_{a2}/(kJ/mol)	119.0	114.8	137.5
A_2	2.3×10^{12}	6.4×10^{11}	6.4×10^{14}
$T_{D24,s2}$/℃	121.8	117.6	365.5

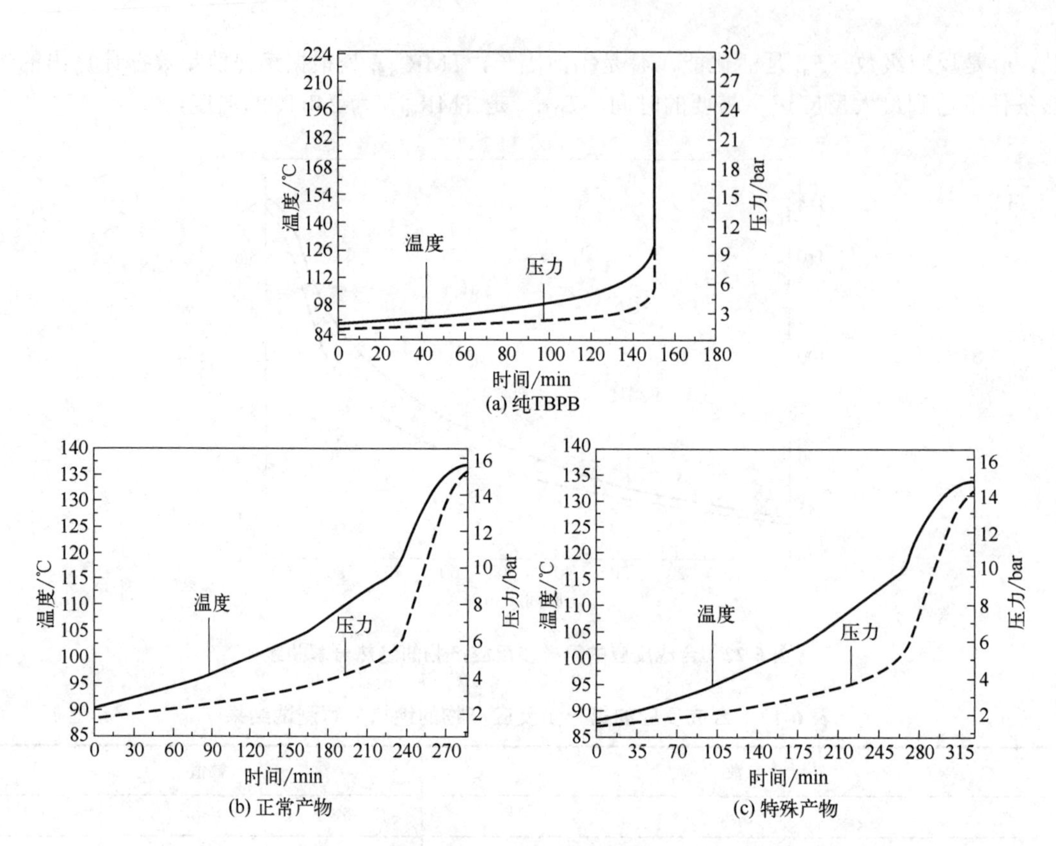

(a) 纯TBPB

(b) 正常产物

(c) 特殊产物

图 6-23 纯 TBPB、TBPB 合成反应的第二步反应正常产物和 TBPB 合成反应的第二步反应特殊产物的绝热分解曲线

如图 6-23 所示，TBPB 合成反应的正常和特殊产物拥有相似的绝热分解曲线。然而，纯 TBPB 的曲线与 TBPB 合成反应的第二步产物的曲线明显不同。纯 TBPB 可以在短时间内更快地释放大量热量和气体。这一结果表明，正常产物的成分与特殊产物的成分相似。纯 TBPB 的分解特性明显不同于 TBPB 合成反应的最终反应混合物的分解特性，纯 TBPB 不适合替代合成反应的最终反应混合物来评估 TBPB 合成反应的热失控风险。

根据表 6-14 可知，经过热惯量因子修正后，正常产物、特殊产物和纯 TBPB 的 $\Delta T_{ad,s2}$ 分别为 89.1、86.5 和 860.6K。$\Delta T_{ad,s2}$ 的顺序为纯 TBPB＞正常产物＞特殊产物。经过热惯量因子修正后，正常产物、特殊产物和纯 TBPB 的 $T_{D24,s2}$ 分别为 63.4℃、61.9℃和 55.2℃。$T_{D24,s2}$ 的顺序是正常产物＞特殊产物＞纯 TBPB。这一发现表明，纯 TBPB 的分解比合成反应的最终反应混合物更容易且更剧烈。使用纯 TBPB 的绝热分解数据评估出来的反应热失控风险高于反应的实际热失控风险。此外，正常产物的 $\Delta T_{ad,s2A}$ 和 $T_{D24,s2A}$ 高于特殊产物的 $\Delta T_{ad,s2B}$ 和 $T_{D24,s2B}$。该结果表明，T_{p2} 的变化可以改变 TBPB 合成过程产物的分解特性。因此，TBPB 合成过程的热失控风险也可能发生变化。

（3）两步合成反应的热失控风险评估

采用多步反应热危险性评估模型评估 TBPB 合成过程的热失控风险。此外，还比较了使用纯目标产物的热失控风险评估结果与使用最终反应混合物的热失控风险评估结果之间的差异。

表 6-15 为通过多步反应热危险性评估模型获得的第一步反应的热失控风险评估结果。$\Delta T_{ad,max1}$ 是冷却失效后第一步反应的最大绝热温升。由于第一步反应的 $MTSR_1$ 小于 $T_{D24,s1}$，第一步反应的 $\Delta T_{ad,max1}$ 可通过式（6-7）计算得到

$$\Delta T_{ad,max1} = MTSR_1 - T_{p1} \tag{6-7}$$

此外，将 $MTSR_1$ 用作绝热条件下材料的温度，并计算了相应的 TMR_{ad1}。因为本研究中所有的反应体系都是开放的，所以 MTT_1 是物料的沸点。由于这两个合成反应的主要溶剂是水，因此选择 100℃作为 MTT_1。

表 6-15　第一步反应的热失控风险评估结果

T_{p1}/℃	$MTSR_1$/℃	MTT_1/℃	$T_{D24,s1}$/℃	风险等级
20	20.5	100	58.0	2

如表 6-15 所示，在冷却失效的情况下，第一步反应发生失控所造成后果的严重度可以忽略不计，第一步反应的产物几乎不可能发生热分解。第一步反应的风险等级为 2，采取一些简单的措施后风险是可以接受的。综上所述，第一步反应的热失控风险较低。

因为第一步反应的 $MTSR_1$ 小于 $T_{D24,s1}$，所以研究了第二步反应的特殊反应情景，来考虑两种合成反应的两个步骤之间的相关性对热失控风险的影响。特殊反应情景是指第二步反应是在第一步反应发生热失控的前提下继续进行的，将之称为反应情景 b。在第一步反应正常的情况下，第二步继续进行的反应情景被称为反应情景 a。在反应情景 a 中，冷却失效后第二步反应的最大绝热温升（$\Delta T_{ad,max2a}$）和 $MTSR_{2a}$ 的计算方法与第一步反应相同。因为在第二步反应开始时冷却系统已经失效，反应情景 b 中第二步反应的 $MTSR_{2b}$ 可通过式（6-8）计算得到

$$MTSR_{2b} = T_{p2} + \Delta T_{ad,max1} + \Delta T_{ad,r2b} \tag{6-8}$$

其中 $\Delta T_{ad,r2b}$ 指反应情景 b 中第二步反应的绝热温升。此外，纯目标产物和最终反应混合物的 $T_{D24,s2}$ 低于反应情景 b 中的 $MTSR_{2b}$。这表明在反应情景 b 中，反应产物可能发生二次分解。在合成反应结束时，产物的分解可能导致反应体系的温度升高。为考虑二次分解反应的影响，反应情景 b 中的 $\Delta T_{ad,max2b}$ 可由式（6-9）计算得到

$$\Delta T_{ad,max2b} = \Delta T_{ad,r2b} + \Delta T_{ad,s2} \tag{6-9}$$

此外，反应情景 a 下的热失控风险代表了文献方法评估结果。新的评估方法考虑了两种情况下的热失控风险，获得了更全面的评估结果。通过多步反应热危险性评估模型得到的 TBPB 合成反应第二步反应的热失控风险评估结果见表 6-16。

表 6-16　通过多步反应热危险性评估模型得到的 TBPB 合成反应第二步反应的热失控风险评估结果

反应情景	产物	T_{p2}/℃	$MTSR_2$/℃	MTT_2/℃	$T_{D24,s2}$/℃	风险等级
a	实际产物	20	33.4	100	63.4	2
a	纯 TBPB	20	33.4	100	55.2	2
b	实际产物	20	72.7	100	61.9	5
b	纯 TBPB	20	72.7	100	55.2	5

如表 6-16 所示，反应情景 a 的风险等级为 2，反应情景 b 的风险等级为 5。尽管纯 TBPB 的使用并未改变两种反应情景中风险等级的结果，但纯TBPB的 $T_{D24,s2}$ 低于实际产物的 $T_{D24,s2}$。TBPB 合成过程的风险实际上在较低的 $T_{D24,s2}$ 的影响下有所升高。

思考题

1．过氧乙酸主要用作纸张、石蜡、木材、织物、油脂、淀粉的漂白剂，也可以作为绿色生态杀菌剂和强氧化剂。过氧乙酸通常可以经双氧水氧化醋酸获得。某企业在研究室做实验时，向反应釜中加入冰醋酸 400g，控制温度在 20℃，依次加入浓硫酸（催化剂）10g、50% 过氧化氢 500g 进行过氧乙酸的制备。反应热相关数据如下所述。

目标反应：反应放热量 Q_r=45kJ，c_p=3.1kJ/(kg・K)

二次分解反应：T_{D24}=25℃，TMR_{ad}=4h

请分析：（1）一旦发生冷却失效，该反应失控的严重度；（2）事故发生的可能性；（3）该反应的危险度等级；（4）能否给企业提出相应的措施控制反应过程中的热风险或减小危险事故发生的可能。

2．向允许最大工作压力为 6MPa 的高压釜中，加入丙烯酸、催化剂和阻聚剂，底料质量共计 505g。用氮气将反应釜进行置换后抽真空，加热升温至 80℃时持续通入环氧丙烷进行聚合反应，直至反应结束，最终环氧丙烷的物料量为 445g，反应压力不超过 0.4MPa。经热力学计算，反应过程中的最大热累积率约为 12%。反应热相关数据如下。

目标反应：反应放热量 Q_r=360kJ，c_p=2.4kJ/(kg・K)

二次分解反应：T_{D24}=160℃

提示：物质在不同压力下的沸点可以采用 Antoine 三参数方程计算。

$$\lg p = A - \frac{B}{t+C}$$

式中，p 为压力，mmHg；t 为物质的沸点，℃；A、B、C 为常数参数。丙烯酸的 Antoine 相关参数为：A=7.1926，B=1441.5000，C=193.0100。

（1）评估该反应的热风险；（2）确定该反应的危险度等级；（3）能否提出相应的措施控制反应过程中的热风险。

附录

附录一　首批重点监管的危险化学品名录

序号	化学品名称	别名	CAS号
1	氯	液氯、氯气	7782-50-5
2	氨	液氨、氨气	7664-41-7
3	液化石油气		68476-85-7
4	硫化氢		7783-06-4
5	甲烷、天然气		74-82-8（甲烷）
6	原油		
7	汽油（含甲醇汽油、乙醇汽油）、石脑油		8006-61-9（汽油）
8	氢	氢气	1333-74-0
9	苯（含粗苯）		71-43-2
10	碳酰氯	光气	75-44-5
11	二氧化硫		7446-09-5
12	一氧化碳		630-08-0
13	甲醇	木醇、木精	67-56-1
14	丙烯腈	氰基乙烯、乙烯基氰	107-13-1
15	环氧乙烷	氧化乙烯	75-21-8
16	乙炔	电石气	74-86-2
17	氟化氢、氢氟酸		7664-39-3
18	氯乙烯		75-01-4
19	甲苯	甲基苯、苯基甲烷	108-88-3
20	氰化氢、氢氰酸		74-90-8

续表

序号	化学品名称	别名	CAS 号
21	乙烯		74-85-1
22	三氯化磷		7719-12-2
23	硝基苯		98-95-3
24	苯乙烯		100-42-5
25	环氧丙烷		75-56-9
26	一氯甲烷		74-87-3
27	1,3-丁二烯		106-99-0
28	硫酸二甲酯		77-78-1
29	氰化钠		143-33-9
30	1-丙烯、丙烯		115-07-1
31	苯胺		62-53-3
32	甲醚		115-10-6
33	丙烯醛、2-丙烯醛		107-02-8
34	氯苯		108-90-7
35	乙酸乙烯酯		108-05-4
36	二甲胺		124-40-3
37	苯酚	石炭酸	108-95-2
38	四氯化钛		7550-45-0
39	甲苯二异氰酸酯	TDI	584-84-9
40	过氧乙酸	过乙酸、过醋酸	79-21-0
41	六氯环戊二烯		77-47-4
42	二硫化碳		75-15-0
43	乙烷		74-84-0
44	环氧氯丙烷	3-氯-1,2-环氧丙烷	106-89-8
45	丙酮氰醇	2-甲基-2-羟基丙腈	75-86-5
46	磷化氢	膦	7803-51-2
47	氯甲基甲醚		107-30-2
48	三氟化硼		7637-07-2
49	烯丙胺	3-氨基丙烯	107-11-9
50	异氰酸甲酯	甲基异氰酸酯	624-83-9
51	甲基叔丁基醚		1634-04-4
52	乙酸乙酯		141-78-6
53	丙烯酸		79-10-7
54	硝酸铵		6484-52-2
55	三氧化硫	硫酸酐	7446-11-9
56	三氯甲烷	氯仿	67-66-3

续表

序号	化学品名称	别名	CAS 号
57	甲基肼		60-34-4
58	一甲胺		74-89-5
59	乙醛		75-07-0
60	氯甲酸三氯甲酯	双光气	503-38-8

资料来源：《首批重点监管的危险化学品名录》（安监总管三〔2011〕95 号）。

附录二　第二批重点监管的危险化学品名录

序号	化学品品名	CAS 号
1	氯酸钠	7775-9-9
2	氯酸钾	3811-4-9
3	过氧化甲乙酮	1338-23-4
4	过氧化（二）苯甲酰	94-36-0
5	硝化纤维素	9004-70-0
6	硝酸胍	506-93-4
7	高氯酸铵	7790-98-9
8	过氧化苯甲酸叔丁酯	614-45-9
9	*N,N'*-二亚硝基五亚甲基四胺	101-25-7
10	硝基胍	556-88-7
11	2,2'-偶氮二异丁腈	78-67-1
12	2,2'-偶氮-二-（2,4-二甲基戊腈）（即偶氮二异庚腈）	4419-11-8
13	硝化甘油	55-63-0
14	乙醚	60-29-7

资料来源：《第二批重点监管的危险化学品名录》（安监总管三〔2013〕12 号）。

附录三　特别管控危险化学品目录（第一版）

序号	品名	别名	CAS 号	UN 编号	主要危险性
			一、爆炸性化学品		
1	硝酸铵［（钝化）改性硝酸铵除外]	硝铵	6484-52-2	0222 1942 2426	急剧加热会发生爆炸；与还原剂、有机物等混合可形成爆炸性混合物

续表

序号	品名	别名	CAS 号	UN 编号	主要危险性
2	硝化纤维素（包括属于易燃固体的硝化纤维素）	硝化棉	9004-70-0	0340 0341 0342 0343 2555 2556 2557	干燥时能自燃，遇高热、火星有燃烧爆炸的危险
3	氯酸钾	白药粉	3811-04-9	1485	强氧化剂，与还原剂、有机物、易燃物质、金属粉末等混合可形成爆炸性混合物
4	氯酸钠	氯酸鲁达、氯酸碱、白药钠	7775-09-9	1495	强氧化剂，与还原剂、有机物、易燃物质、金属粉末等混合可形成爆炸性混合物
二、有毒化学品（包括有毒气体、挥发性有毒液体和固体剧毒化学品）					
5	氯	液氯、氯气	7782-50-5	1017	剧毒气体，吸入可致死
6	氨	液氨、氨气	7664-41-7	1005	有毒气体，吸入可引起中毒性肺气肿；与空气能形成爆炸性混合物
7	异氰酸甲酯	甲基异氰酸酯	624-83-9	2480	剧毒液体，吸入蒸气可致死；高度易燃液体，蒸气与空气能形成爆炸性混合物
8	硫酸二甲酯	硫酸甲酯	77-78-1	1595	有毒液体，吸入蒸气可致死；可燃
9	氰化钠	山奈、山奈钠	143-33-9	1689 3414	剧毒；遇酸产生剧毒、易燃的氰化氢气体
10	氰化钾	山奈钾	151-50-8	1680 3413	剧毒；遇酸产生剧毒、易燃的氰化氢气体
三、易燃气体					
11	液化石油气	LPG	68476-85-7	1075	易燃气体，与空气能形成爆炸性混合物
12	液化天然气	LNG	8006-14-2	1972	易燃气体，与空气能形成爆炸性混合物
13	环氧乙烷	氧化乙烯	75-21-8	1040	易燃气体，与空气能形成爆炸性混合物，加热时剧烈分解，有着火和爆炸危险
14	氯乙烯	乙烯基氯	75-01-4	1086	易燃气体，与空气能形成爆炸性混合物；火场温度下易发生危险的聚合反应
15	二甲醚	甲醚	115-10-6	1033	易燃气体，与空气能形成爆炸性混合物
四、易燃液体					
16	汽油（包括甲醇汽油、乙醇汽油）		86290-81-5	1203 3475	极易燃液体，蒸气与空气能形成爆炸性混合物
17	1,2-环氧丙烷	氧化丙烯	75-56-9	1280	极易燃液体，蒸气与空气能形成爆炸性混合物
18	二硫化碳		75-15-0	1131	极易燃液体，蒸气与空气能形成爆炸性混合物；有毒液体
19	甲醇	木醇、木精	67-56-1	1230	高度易燃液体，蒸气与空气能形成爆炸性混合物；有毒液体
20	乙醇	酒精	64-17-5	1170	高度易燃液体，蒸气与空气能形成爆炸性混合物

资料来源：《特别管控危险化学品目录（第一版）》（应急管理部、工业和信息化部、公安部、交通运输部公告 2020 年第 3 号）。

附录四　危险化学品名称及其临界量

序号	危险化学品名称和说明	别名	CAS 号	临界量/t
1	氨	液氨；氨气	7664-41-7	10
2	二氟化氧	一氧化二氟	7783-41-7	1
3	二氧化氮	—	10102-44-0	1
4	二氧化硫	亚硫酸酐	7446-09-5	20
5	氟	—	7782-41-4	1
6	碳酰氯	光气	75-44-5	0.3
7	环氧乙烷	氧化乙烯	75-21-8	10
8	甲醛（含量＞90%）	蚁醛	50-00-0	5
9	磷化氢	磷化三氢；膦	7803-51-2	1
10	硫化氢	—	7783-06-4	5
11	氯化氢（无水）	—	7647-01-0	20
12	氯	液氯；氯气	7782-50-5	5
13	煤气（CO，CO 和 H_2、CH_4 的混合物等）	—	—	20
14	砷化氢	砷化三氢、胂	7784-42-1	1
15	锑化氢	三氢化锑；锑化三氢；䏲	7803-52-3	1
16	硒化氢	—	7783-07-5	1
17	溴甲烷	甲基溴	74-83-9	10
18	丙酮氰醇	丙酮合氰化氢；2-羟基异丁腈；氰丙醇	75-86-5	20
19	丙烯醛	烯丙醛；败脂醛	107-02-8	20
20	氟化氢	—	7664-39-3	1
21	1-氯-2,3-环氧丙烷	环氧氯丙烷（3-氯-1,2-环氧丙烷）	106-89-8	20
22	3-溴-1,2-环氧丙烷	环氧溴丙烷；溴甲基环氧乙烷；表溴醇	3132-64-7	20
23	甲苯二异氰酸酯	二异氰酸甲苯酯；TDI	26471-62-5	100
24	一氯化硫	氯化硫	10025-67-9	1
25	氰化氢	无水氢氰酸	74-90-8	1
26	三氧化硫	硫酸酐	7446-11-9	75
27	3-氨基丙烯	烯丙胺	107-11-9	20
28	溴	溴素	7726-95-6	20
29	乙撑亚胺	吖丙啶；1-氮杂环丙烷；氮丙啶	151-56-4	20

续表

<table>
<tr><th>序号</th><th>危险化学品名称和说明</th><th>别名</th><th>CAS 号</th><th>临界量/t</th></tr>
<tr><td>30</td><td>异氰酸甲酯</td><td>甲基异氰酸酯</td><td>624-83-9</td><td>0.75</td></tr>
<tr><td>31</td><td>叠氮化钡</td><td>叠氮钡</td><td>18810-58-7</td><td>0.5</td></tr>
<tr><td>32</td><td>叠氮化铅</td><td>—</td><td>13424-46-9</td><td>0.5</td></tr>
<tr><td>33</td><td>雷汞</td><td>二雷酸汞；雷酸汞</td><td>628-86-4</td><td>0.5</td></tr>
<tr><td>34</td><td>三硝基苯甲醚</td><td>三硝基茴香醚</td><td>28653-16-9</td><td>5</td></tr>
<tr><td>35</td><td>2,4,6-三硝基甲苯</td><td>梯恩梯；TNT</td><td>118-96-7</td><td>5</td></tr>
<tr><td>36</td><td>硝化甘油</td><td>硝化丙三醇；甘油三硝酸酯</td><td>55-63-0</td><td>1</td></tr>
<tr><td>37</td><td>硝化纤维素[干的或含水（或乙醇）＜25%]</td><td rowspan="5">硝化棉</td><td rowspan="5">9004-70-0</td><td>1</td></tr>
<tr><td>38</td><td>硝化纤维素（未改型的，或增塑的，含增塑剂＜18%）</td><td>1</td></tr>
<tr><td>39</td><td>硝化纤维素（含乙醇≥25%）</td><td>10</td></tr>
<tr><td>40</td><td>硝化纤维素（含氮≤12.6%）</td><td>50</td></tr>
<tr><td>41</td><td>硝化纤维素（含水≥25%）</td><td>50</td></tr>
<tr><td>42</td><td>硝化纤维素溶液（含氮量≤12.6%，含硝化纤维素≤55%）</td><td>硝化棉溶液</td><td>9004-70-0</td><td>50</td></tr>
<tr><td>43</td><td>硝酸铵（含可燃物＞0.2%，包括以碳计算的任何有机物，但不包括任何其他添加剂）</td><td>—</td><td>6484-52-2</td><td>5</td></tr>
<tr><td>44</td><td>硝酸铵（含可燃物≤0.2%）</td><td>—</td><td>6484-52-2</td><td>50</td></tr>
<tr><td>45</td><td>硝酸铵肥料（含可燃物≤0.4%）</td><td>—</td><td>—</td><td>200</td></tr>
<tr><td>46</td><td>硝酸钾</td><td>—</td><td>7757-79-1</td><td>1000</td></tr>
<tr><td>47</td><td>1,3-丁二烯</td><td>联乙烯</td><td>106-99-0</td><td>5</td></tr>
<tr><td>48</td><td>二甲醚</td><td>甲醚</td><td>115-10-6</td><td>50</td></tr>
<tr><td>49</td><td>甲烷，天然气</td><td>—</td><td>74-82-8（甲烷）
8006-14-2（天然气）</td><td>50</td></tr>
<tr><td>50</td><td>氯乙烯</td><td>乙烯基氯</td><td>75-01-4</td><td>50</td></tr>
<tr><td>51</td><td>氢</td><td>氢气</td><td>1333-74-0</td><td>5</td></tr>
<tr><td>52</td><td>液化石油气（含丙烷、丁烷及其混合物）</td><td>石油气（液化的）</td><td>68476-85-7
74-98-6（丙烷）
106-97-8（丁烷）</td><td>50</td></tr>
<tr><td>53</td><td>一甲胺</td><td>氨基甲烷；甲胺</td><td>74-89-5</td><td>5</td></tr>
<tr><td>54</td><td>乙炔</td><td>电石气</td><td>74-86-2</td><td>1</td></tr>
<tr><td>55</td><td>乙烯</td><td>—</td><td>74-85-1</td><td>50</td></tr>
<tr><td>56</td><td>氧（压缩的或液化的）</td><td>液氧；氧气</td><td>7782-44-7</td><td>200</td></tr>
<tr><td>57</td><td>苯</td><td>纯苯</td><td>71-43-2</td><td>50</td></tr>
<tr><td>58</td><td>苯乙烯</td><td>乙烯苯</td><td>100-42-5</td><td>500</td></tr>
<tr><td>59</td><td>丙酮</td><td>二甲基酮</td><td>67-64-1</td><td>500</td></tr>
<tr><td>60</td><td>2-丙烯腈</td><td>丙烯腈；乙烯基氰；氰基乙烯</td><td>107-13-1</td><td>50</td></tr>
</table>

续表

序号	危险化学品名称和说明	别名	CAS 号	临界量/t
61	二硫化碳	—	75-15-0	50
62	环己烷	六氢化苯	110-82-7	500
63	1,2-环氧丙烷	氧化丙烯；甲基环氧乙烷	75-56-9	10
64	甲苯	甲基苯；苯基甲烷	108-88-3	500
65	甲醇	木醇；木精	67-56-1	500
66	汽油（乙醇汽油、甲醇汽油）	—	86290-81-5（汽油）	200
67	乙醇	酒精	64-17-5	500
68	乙醚	二乙基醚	60-29-7	10
69	乙酸乙酯	醋酸乙酯	141-78-6	500
70	正己烷	己烷	110-54-3	500
71	过乙酸	过醋酸；过氧乙酸；乙酰过氧化氢	79-21-0	10
72	过氧化甲基乙基酮（10%＜有效含氧量≤10.7%，含 A 型稀释剂≥48%）	—	1338-23-4	10
73	白磷	黄磷	12185-10-3	50
74	烷基铝	三烷基铝		1
75	戊硼烷	五硼烷	19624-22-7	1
76	过氧化钾	—	17014-71-0	20
77	过氧化钠	双氧化钠；二氧化钠	1313-60-6	20
78	氯酸钾	—	3811-04-9	100
79	氯酸钠	—	7775-09-9	100
80	发烟硝酸	—	52583-42-3	20
81	硝酸（发红烟的除外，含硝酸＞70%）	—	7697-37-2	100
82	硝酸胍	硝酸亚氨脲	506-93-4	50
83	碳化钙	电石	75-20-7	100
84	钾	金属钾	7440-09-7	1
85	钠	金属钠	7440-23-5	10

资料来源：GB 18218—2018 危险化学品重大危险源辨识。

附录五　未在附录四中列举的危险化学品类别及其临界量

类别	符号	危险性分类及说明	临界量/t
健康危害	J（健康危害性符号）	—	—
急性毒性	J1	类别 1，所有暴露途径，气体	5

续表

类别	符号	危险性分类及说明	临界量/t
急性毒性	J2	类别 1，所有暴露途径，固体、液体	50
	J3	类别 2、类别 3，所有暴露途径，气体	50
	J4	类别 2、类别 3，吸入途径，液体（沸点≤35℃）	50
	J5	类别 2，所有暴露途径，液体（除 J4 外）、固体	500
物理危险	W（物理危险性符号）	—	—
爆炸物	W1.1	不稳定爆炸物 1.1 项爆炸物	1
	W1.2	1.2、1.3、1.5、1.6 项爆炸物	10
	W1.3	1.4 项爆炸物	50
易燃气体	W2	类别 1 和类别 2	10
气溶胶	W3	类别 1 和类别 2	150（净重）
氧化性气体	W4	类别 1	50
易燃液体	W5.1	类别 1 类别 2 和 3，工作温度高于沸点	10
	W5.2	类别 2 和 3，具有引发重大事故的特殊工艺条件，包括危险化工工艺、爆炸极限范围或附近操作、操作压力大于 1.6MPa 等	50
	W5.3	不属于 W5.1 或 W5.2 的其他类别 2	1000
	W5.4	不属于 W5.1 或 W5.2 的其他类别 3	5000
自反应物质和混合物	W6.1	A 型和 B 型自反应物质和混合物	10
	W6.2	C 型、D 型和 E 型自反应物质和混合物	50
有机过氧化物	W7.1	A 型和 B 型有机过氧化物	10
	W7.2	C 型、D 型、E 型、F 型有机过氧化物	50
自燃液体和自燃固体	W8	类别 1 自燃液体 类别 1 自燃固体	50
氧化性固体和液体	W9.1	类别 1	50
	W9.2	类别 2、类别 3	200
易燃固体	W10	类别 1 易燃固体	200
遇水放出易燃气体的物质和混合物	W11	类别 1 和类别 2	200

资料来源：GB 18218—2018 危险化学品重大危险源辨识。

参考文献

[1] 中国石油和化学工业联合会. 2019年中国石油和化学工业经济运行报告 [R]. 2020.

[2] 中国石油和化学工业联合会. 2020年中国石油和化学工业经济运行报告 [R]. 2021.

[3] 中国石油和化学工业联合会. 2021年中国石油和化学工业经济运行报告 [R]. 2022.

[4] 傅向升. 上半年石化行业开局风光无限 全年仍需努力——在2021全国石油和化工行业经济形势分析会上的报告 [J]. 中国农药, 2021, 17 (8): 3-11, 56.

[5] 蒋军成, 潘勇. 化工过程本质安全化设计 [M]. 北京: 化学工业出版社, 2020.

[6] 中国石化经济技术研究院. 2021中国能源化工产业发展报告 [R]. 2020.

[7] "十四五"危险化学品安全生产规划方案. 应急〔2022〕22号. 2022.

[8] 解读《危险化学品企业重大危险源安全包保责任制办法（试行）》. 2021.

[9] 应急管理部危化监管司. 2019年全国化工事故分析报告 [R]. 2020.

[10] 胡万吉. 2009—2018年我国化工事故统计与分析 [J]. 今日消防, 2019, 4 (2): 3-7.

[11] 应急管理部危化监管司. 2018年全国化工事故分析报告 [R]. 2019.

[12] 应急管理部危化监管司. 2017年全国化工事故分析报告 [R]. 2018.

[13] 关于印发《"十四五"国家安全生产规划》的通知. 安委〔2022〕7号. 2022.

[14] 高建村, 王胜男, 任绍梅, 等. 对基于重点监管化工工艺开展反应热安全评价的思考 [J]. 安全, 2020, 41 (10): 19-25, 31.

[15] 梅义将, 胡剀, 翁海军, 等. 制备异亚硝基丙二酸二乙酯的反应热安全分析和机理研究 [J]. 中国医药工业杂志, 2021, 52 (1): 63-67, 93.

[16] 全球化学品统一分类和标签制度（GHS）（第九修订版）[S]. 2021.

[17] 弗朗西斯·施特塞尔. 化工工艺的热安全——风险评估与工艺设计 [M]. 陈网桦, 彭金华, 陈利平, 译. 北京: 科学出版社, 2009.

[18] 陈网桦, 陈利平, 郭子超, 等. 化工过程热风险 [M]. 北京: 化学工业出版社, 2020.

[19] Green D W, Southard M Z. Perry's chemical engineers' handbook [M]. 9th Edition. New York: McGraw-Hill, 2018.

[20] 赵劲松. 化工过程安全 [M]. 北京: 化学工业出版社, 2015.

[21] 孙金华, 丁辉. 化学物质热危险性评价 [M]. 北京: 科学出版社, 2005.

[22] Sun J H, Li Y F, Hasegawa K. A study of self-accelerating decomposition temperature (SADT) using reaction calorimetry [J]. Journal of Loss Prevention in the Process Industries, 2001 (14): 331-336.

[23] Whitmore M W, Wilberforce J K. Use of the accelerating rate calorimeter and the thermal activity monitor to estimate stability temperature [J]. Journal of Loss Prevention in the Process Industries, 1993, 6 (2): 95-101.

[24] Fisher H G, Goetz D D. Determination of self-accelerating decomposition temperatures for self-reactive substances [J]. Journal of Loss Prevention in the Process Industries, 1993, 6 (3): 183-194.

[25] Fisher H G, Goetz D D. Determination of self-accelerating decomposition temperatures using the accelerating rate calorimeter [J]. Journal of Loss Prevention in the Process Industries, 1991, 4 (4): 305-316.

[26] Hasegawa K, Li Y F. Explosion investigation on asphalt-salt mixtures in a reprocessing plant [J]. Journal of Hazardous Materials, 2000, A79: 241-267.

[27] Yu Y H，Hasegawa K. Derivation of the self-accelerating decomposition temperature for self-reaction substances using isothermal calorimetry [J]. Journal of Hazardous Materials，1996，45：193-205.

[28] Kotoyori T. Critical temperatures for the thermal explosion of liquid organic peroxides [J]. Process Safety Progress，1995，14（1）：37-44.

[29] Sun J H，Li X R，Liao G X. Thermal hazard evaluation of complex reactive substance using calorimeters and Dewar vessel [J]. Journal of Thermal Analysis and Calorimetry，2004，76（3）：883-893.

[30] Iwata Y，Koseki H. Combustion characteristics of asphalt and sodium compounds [J]. Journal of Loss Prevention in the Process Industries，2001，14（6）：539-545.

[31] Zhang Y Y，Pan Y，Jiang J C，et al. Prediction of thermal stability of some reactive chemicals using the QSPR approach [J]. Journal of Environmental Chemical Engineering，2014，2（2）：868-874.

[32] 蒋军成，潘勇，王睿，等. 基于支持向量机的有机化合物燃爆特性预测方法 [P]. CN 101339180A. 2009-01-07.

[33] 焦爱红，傅智敏，高阳. 6种易燃固体的绝热稳定性研究 [J]. 科技导报，2008，26（12）：47-51.

[34] Bilouis O，Amudson N R. Chemical reactor stability and sensitivity [J]. AIChE Journal，1956（2）：117-126.

[35] Boddington T，Gray P，Kordylewski W，et al. Thermal explosions with extensive reactant consumption：a new criterion for criticality [J]. Proceedings of the Royal Society of London（Series A），1983，390：13-30.

[36] Mordidelli M，Varma A. A generalized criterion for parametric sensitivity：application to thermal explosion theory [J]. Chemical Engineering Science，1988，43（1）：91-102.

[37] Varma A，Morbidelli M，Wu H. Parametric sensitivity in chemical systems [M]. Cambridge：Cambridge University Press，1999.

[38] Vajda S，Rabitz H. Parametric sensitivity and self-similarity in thermal explosion theory [J]. Chemical Engineering Science，1992，47：1063-1078.

[39] Strozzi F，Alos M A，Zaldivar J M. A method for assessing thermal stability of batch reactors by sensitivity calculation based on Lyapunov exponents：experimental verification [J]. Chemical Engineering Science，1994，49（24B）：5549-5561.

[40] Strozzi F，Zaldivar J M，Kronberg A，et al. On-line runaway prevention in chemical reactors using chaos theory techniques [J]. AIChE Journal，1999，45（11）：2429-2443.

[41] Zaldivar J M，Cano J，Alos M A，et al. A general criterion to define runaway limits in chemical reactors [J]. Journal of Loss Prevention in the Process Industries，2003，16：187-210.

[42] Jiang J J，Jiang J C，Wang Z R，et al. Thermal runaway criterion for chemical reaction systems：a modified divergence method [J]. Journal of Loss Prevention in the Process Industries，2016，40：199-206.

[43] Jiang J C，Cui F S，Shen S L，et al. New thermal runaway risk assessment methods for two step synthesis reactions [J]. Organic Process Research & Development，2018，22：1772-1781.

[44] 杨冬. 我国己二酸的供需现状及发展前景 [J]. 化工管理，2019（06）：17.

[45] Cao H，Zhu B，Yang Y，et al. Recent advances on controllable and selective catalytic oxidation of cyclohexene [J]. Chinese Journal of Catalysis，2018，39（5）：899-907.

[46] Ghosh S，Acharyya S S，Adak S，et al. Selective oxidation of cyclohexene to adipic acid over silver supported tungsten oxide nanostructured catalysts [J]. Green Chemistry，2014，16（5）：2826-2834.

[47] Gui J，Liu D，Cong X，et al. Clean synthesis of adipic acid by direct oxidation of cyclohexene with H_2O_2 catalysed by $Na_2WO_4 \cdot 2H_2O$ and acidic ionic liquids [J]. Journal of Chemical Research，2005（8）：520-522.

[48] Oguchi T, Ura T, Ishii Y, et al. Liquid phase oxidation of cyclohexanol to adipic acid with molecular oxygen on metal catalysts [J]. Science, 1989, 272 (5): 857-860.

[49] Sato K, Aoki M, Takagi J, et al. Organic solvent- and halide-free oxidation of alcohols with aqueous hydrogen peroxide [J]. Journal of the American Chemical Society, 1997, 119 (50): 12386-12387.

[50] Zhu W, Li H, He X, et al. Synthesis of adipic acid catalyzed by surfactant type peroxotungstates and peroxomolybdates [J]. Catalysis Communications, 2008, 9 (4): 551-555.

[51] Ren S, Xie Z, Cao L, et al. Clean synthesis of adipic acid catalyzed by complexes derived from heteropoly acid and glycine [J]. Catalysis Communications, 2009, 10 (5): 464-467.

[52] Jin P, Zhao Z, Dai Z, et al. Influence of reaction conditions on product distribution in the green oxidation of cyclohexene to adipic acid with hydrogen peroxide [J]. Catalysis Today, 2011, 175 (1): 619-624.

[53] Jiang W, Ni L, Jiang J, et al. Thermal hazard and reaction mechanism of the preparation of adipic acid through the oxidation with hydrogen peroxide [J]. AIChE Journal, 2021, 67 (1): 17089.

[54] Ducry L, Roberge D M. Controlled autocatalyticnitration of phenol in a microreactor [J]. Angewandte Chemie, 2005, 117: 8186-8189.

[55] Saada R, Patel D, Saha B. Causes and consequences of thermal runaway incidents—Will they ever be avoided? [J]. Process Safety & Environmental Protection, 2015, 97: 109-115.

[56] 何汉文，陈熙东. 精细有机化学品生产工艺手册 [M]. 北京：化学工业出版社，2003：89.

[57] 李工安，苗江欢，张晓鹏. 1-硝基萘的简单有效合成 [J]. 河南师范大学学报（自然科学版），2009，37（5）：158-159.

[58] Liang J, Ni L, Wu P, et al. Process safety assessment of semibatch nitration of naphthalene with mixed acid to 1-nitronaphthalene [J]. AIChE Journal, 2022, 68 (7): 17679.

[59] Orchin M. The Grignard reagent: preparation, structure, and some reactions [J]. Journal of Chemical Education, 1989, 66 (7): 586.

[60] Garst J F, Soriaga M P. Grignard reagent formation [J]. Coordination Chemistry Reviews, 2004, 248 (7): 623-652.

[61] Kryk H, Hessel G, Schmitt W. Improvement of process safety and efficiency of Grignard reactions by real-time monitoring [J]. Organic Process Research & Development, 2007, 11 (6): 1135-1140.

[62] Kumasaki M, Mizutani T, Fujimoto Y. The solvent effects on Grignard reaction [C]. IChemE Symposium Series, 2007, 153: 1-5.

[63] Cheng Z, Ni L, Wang J, et al. Process hazard evaluation and exothermic mechanism for the synthesis of *n*-butylmagnesium bromide Grignard reagent in different solvents [J]. Process Safety and Environmental Protection, 2021, 147: 654-673.

[64] Eckert T S. An improved preparation of a Grignard reagent [J]. Journal of Chemical Education, 1987, 64 (2): 179.

[65] Changi S M, Wong S. Kinetics model for designing Grignard reactions in batch or flow operations [J]. Organic Process Research & Development, 2016, 20 (2): 525-539.

[66] Liu S H, Hou H Y, Shu C M. Thermal hazard evaluation of the autocatalytic reaction of benzoyl peroxide using DSC and TAM Ⅲ [J]. Thermochimica Acta, 2015, 605: 68-76.

[67] Martin J J. *Tert*-butyl peracetate: an explosive compound [J]. Industrial & Engineering Chemistry Research,

1960, 52 (4): 65A-68A.
[68] Ni L, Jiang J C, Mannan M S, et al. Thermal runaway risk of semi-batch processes: esterification reaction with autocatalytic behavior [J]. Industrial & Engineering Chemistry Research, 2017, 56 (6): 1534-1542.
[69] Yang J Z, Jiang J J, Jiang J C, et al. Thermal instability and kinetic analysis on *m*-chloroperbenzoic acid [J]. Journal of Thermal Analysis and Calorimetry, 2019, 135: 2309-2316.
[70] Donchak V A, Voronov S A, Yur'ev R S. New synthesis of *tert*-butyl peroxycarboxylates [J]. Russian Journal of Organic Chemistry, 2006, 42 (4): 487-490.
[71] Shen S, Jiang J, Zhang W, et al. Process safety evaluation of the synthesis of *tert*-butyl peracetate [J]. Journal of Loss Prevention in the Process Industries, 2018, 54: 153-162.
[72] Yao X Y, Ni L, Jiang J C, et al. Thermal hazard and kinetic study of 5-(2-pyrimidyl) tetrazole based on deconvolution procedure [J]. Journal of Loss Prevention in the Process Industries, 2019, 61: 58-65.
[73] Barrie P J. The mathematical origins of the kinetic compensation effect: 1. The effect of random experimental errors [J]. Physical Chemistry Chemical Physics, 2012, 14 (1): 318-326.
[74] Barrie P J. The mathematical origins of the kinetic compensation effect: 2. The effect of systematic errors [J]. Physical Chemistry Chemical Physics, 2012, 14 (1): 327-336.
[75] Cheng S Y, Tseng J M, Lin S Y, et al. Runaway reaction on *tert*-butyl peroxybenzoate by DSC tests [J]. Journal of Thermal Analysis and Calorimetry, 2008, 93: 121-126.
[76] Lin C P, Tseng J M, Chang Y M, et al. Green thermal analysis for predicting thermal hazard of storage and transportation safety for *tert*-butyl peroxybenzoate [J]. Journal of Loss Prevention in the Process Industries, 2012, 25: 1-7.